城市商业区环境性能评价及优化调控研究

RESEARCH ON ENVIRONMENTAL PERFORMANCE EVALUATION AND OPTIMAL REGULATION OF URBAN COMMERCIAL DISTRICT

王　芳◎著

·北 京·

图书在版编目（CIP）数据

城市商业区环境性能评价及优化调控研究 / 王芳著
.—北京：中国经济出版社，2021.7
ISBN 978-7-5136-6002-0

Ⅰ.①城… Ⅱ.①王… Ⅲ.①城市商业-城市规划-研究 Ⅳ.①TU984

中国版本图书馆 CIP 数据核字（2019）第 295625 号

责任编辑　王　帅
责任校对　李若雯
责任印制　巢新强

出版发行　中国经济出版社
印 刷 者　北京九州迅驰传媒文化有限公司
经 销 者　各地新华书店
开　　本　710mm×1000mm　1/16
印　　张　12.75
字　　数　188 千字
版　　次　2021 年 7 月第 1 版
印　　次　2021 年 7 月第 1 次
定　　价　68.00 元
广告经营许可证　京西工商广字第 8179 号

中国经济出版社 **网址** www.economyph.com **社址** 北京市东城区安定门外大街 58 号 **邮编** 100011
本版图书如存在印装质量问题，请与本社销售中心联系调换（联系电话：010-57512564）

序

PREFACE

城市商业区不仅发挥着商业、交易、旅游等重要的城市功能，更担负着商业服务、居民消费和地面交通等碳排放量较大的城市功能。并且，随着我国城市由生产型向消费型转变，商业不再仅是地区建设的配套服务设施，更成为推动城市经济社会发展的重要因素，成为引导城市空间重构和拓展的主要力量。因而，对城市商业区进行环境性能评价，从而优化其功能和空间组织，对推动城市的健康发展具有重要的价值。

本书提出以地区尺度的环境性能评价作为测度城市商业区可持续发展水平的指标和空间调控的政策工具，探讨商业区环境性能评价的理论和方法；以北京市为案例，进行商业空间历史梳理、商业区识别分类、环境性能测评、商圈分析等系统研究，提出北京市商业区环境性能调控和空间优化的相关建议。

本书包括以下几部分内容：①北京市商业空间结构演化过程及商业空间规划相关政策梳理；利用开源大数据，探讨北京市各业态商业空间格局的规律和特点。在此基础上，构建了商业活动量的测算模型和高效的商业区空间识别和分类的方法，识别出北京市商业区 1063 个，并根据功能将其分为饮食文化型商业区、专营型商业区、购物中心型商业区、便利型商业区、综合型商业区五种功能类型。②从环境效率的角度切入，借鉴日本 CASBEE 评价思路，将环境性能的思想和方法引入城市功能区尺度中，即一个地区的环境性能是指该地区产生环境负荷（压力）的同时所能带来的经济、社会和环境价值，从而建立一个集经济、社会、环境于一身的环境性能评价体系。③根据商业区空间识别和类型划分结果，选择典型案例区实施实地考察和问卷调研，进行环境性能评价分析，并将SP调研法引入商业区环境性能评价中，确定各评价指标的权重。从环境性能评价结果来看，新奥购物中心商业区、西单购物中心商业区和十里河建材专营商业区环境性能达到合格，其中新奥购物中心商业区属于优良，而回龙观综合商业区和魏公村饮食文化商业区略低于合格线，看丹路便利商业区则远低于合格线。④充分利用可获取的部分关键影响因素数据，在同质性假设的基础上，构建了全市商业区环境性能评估方法，并归纳分析了全市商业区环境性能空间格局。然后，运用哈夫模型探讨在居住小区这一微观尺度上各商业区吸引顾客的地理空间范围，分析商业区与人口的空间匹配性，将该匹配性因素纳入环境性能空间格局中。⑤从微观层面上，提出对城市商业区环境性能进行调控的对策，以及如何根据各类商业区的环境性能评价结果对商业区内部进行规划、管理，以促进商业区的发展。从宏观层面上，提出对商业空间结构调整的建议，以使城市土地资源的配置达到最佳状态，实现其社会、经济、环境各方面效益最大化，促进城市商业和城市的可持续发展。

本书为作者攻读博士学位期间的核心工作及部分后续工作的集合整理，大部分内容已在 *Habitat International*、*Sustainability*、*Journal of Geographical Sciences*、*Chinese Geographical Sciences*、地理学报、地理研究、城市规划等期刊上发表。本书的写作得到了作者的博士生导师——中科院地理所高晓路研究员的倾力指导和大力支持，从思路到方法再到具体的案例，高老师都给予了作者极大的启发和帮助！同时，感谢日本立命馆亚洲太平洋大学的李燕教授为作者提供了合作交流的机会，并对本书的研究工作提出了许多建设性的意见！此外，感谢作者的硕士生导师——东北师范大学宋玉祥教授在学术道路上给予的谆谆教诲。本书在写作过程中，也得到了国内外诸多同行专家的指导，借鉴了众多同行学者相关的研究成果及经验，在此深表感谢！

本书相关内容的研究获得了国家自然科学基金（41801149）的支持，本书的出版得到了内蒙古大学公共管理学院的大力资助。同时，也衷心感谢中国经济出版社的大力支持！

本书力图通过理论与案例相结合，探讨商业地理学的理论与方法，以期为城市商业空间的规划管理提供参考，拓展现代商业地理学理论。错漏之处，敬请指正。

王 芳

2021 年 6 月 21 日于呼和浩特

目　录

CONTENTS

1 绪 论

1.1 研究背景与意义

1. 城市商业区作为城市主要功能区和碳排放量较大的地区，对商业区环境的评价和优化具有重要价值

工业化和全球化高速发展的同时，化石燃料的大量使用、土地利用的快速变化以及植被的破坏等一系列人为活动对自然生态系统产生了极大的干扰，导致气候变暖、生物多样性丧失等一系列环境问题（IPCC，2007），向人类提出了严峻的挑战。这些问题既对科技、经济、社会发展提出了更高目标，也使随着经济发展日益受到人们重视的综合国力研究达到前所未有的难度。应时代的变迁、社会经济发展的需要，20 世纪 80 年代提出了可持续发展这样一个新的发展观，即世界环境与发展委员会于 1987 年公布的《我们共同的未来》报告中谈到的概念“既满足当代人的需求，又不对后代人满足其自身需求的能力构成危害的发展”。这一概念强调人与自然的和谐发展，为了可持续的经济和社会发展，降低温室气体排放尤其是二氧化碳（CO_2）排放，成为目前世界各国共同的责任。英国在其 2003 年《能源白皮书》中首次正式提出“低碳经济”的概念，随后以低碳为目标的城市战略在全球范围内展开。我国作为能源消耗巨大的发展中国家，面临着发展和碳减排的双重压力，因此实现经济和城市的发展与低碳目标的并重成为我国城市发展战略的新需求。

城市中主要的功能区有居住区、工业区和商业区等，商业区为城市主要功能区之一。相关研究表明在城市 CO_2 排放结构中，以交通出行排放、商业服务和居民消费排放等最为突出（ICF International，2007）（见图 1-1）。商业区承担着商业服务、居民消费和地面交通等碳排放量较大的城市功能，而且商业区还会产生光污染、噪声污染等环境问题。因而，对城市商业区进行环境性能评测，从而对其进行环境调控和空间优化，对保障城市的良性循环具有重要的价值。

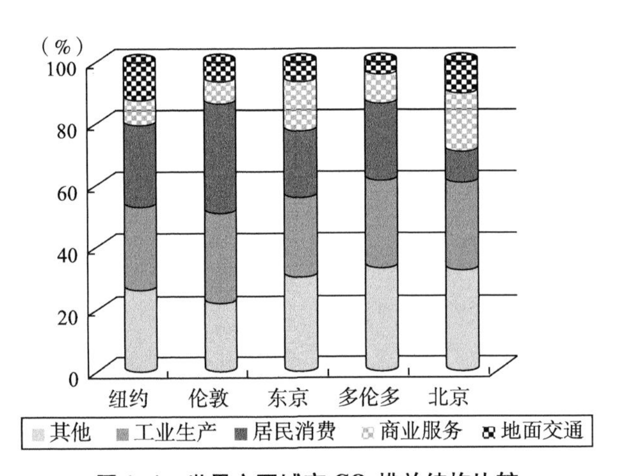

图 1-1　世界主要城市 CO_2 排放结构比较

资料来源：ICF International（2007）；Bloomberg（2010）；Greater London Authority（2007）；Dhakal（2003）。

2. 随着我国生产型城市逐渐向消费型转变，城市商业区成为引导城市空间结构重构的重要力量

近年来，随着我国经济和社会发展方式的转变，消费已逐渐成为拉动城市经济与社会发展的重要引擎。消费替代投资和出口，成为城市经济增长的主要动力，同时也使城市空间和城市内部活动组织空间发生了巨大的变化。

消费型城市的概念最早于 1920 年由马克斯·韦伯提出（Max Weber's，1920），是相对于生产型城市的概念，城市以强大的消费需求和提供丰富的

消费产品作为经济发展的基础。麦肯锡公司研究显示：中国已转向由消费带动经济发展的时代，成为全球最主要的消费市场之一。中国诸多城市正在由生产型城市向消费型城市转变，尤其是北京、上海等一线城市已经具备了消费型城市的特征（赵宇、张京祥，2009）。

在消费型城市的背景下，城市消费不再仅是城市社会经济的重要部分，更对城市规划的传统理念和模式产生了巨大的冲击，同时，伴随着人们生活方式、交通出行和消费习惯的变化，城市正发生着以消费空间为主要内容的空间变化和商业革命。例如，我国长期以来以投资或出口拉动城市增长的方式，导致很多城市出现降低土地出租金、牺牲资源环境等恶性竞争，而消费型城市主要强调通过高附加值的生产和消费促进城市的健康可持续发展。在当今消费型城市中，商业区不再仅是地区建设的配套服务设施，更成为推动城市化的重要因素和引导城市空间重构和拓展的主要力量。

3. 我国城市商业环境评价和商业空间规划相对滞后，环境性能评价为此提供了有力的科学依据

目前，国内外关于商业环境评价的研究还较少且研究视角差别很大。仅从地理角度来看，对商业环境还没有统一的定义，有的重视商业购物环境，有的重视商业经营效益，几乎没有从城市发展的角度对商业环境进行评价的内容，进而无法为城市管理者和规划师对政策制定和政策效果的预估提供有力的理论支持。

此外，我国城市商业空间的研究由于数据难以获取、研究方法落后、学科研究框架缺乏，不能完全适应和指导新兴的商业空间，尤其是消费型城市下的商业空间。并且现有城市规划和商业规划对商业空间布局的规划仅是宏观性的调控，商业配套的建议也仅是一种面积上的规定，这种规划缺乏理论依据和科学支撑。

自20世纪90年代末起，国内外已经开始了环境性能的相关研究，并积极开展了相关制度和评价标准体系的开发和应用，如英国的BREEAM、日本的CASBEE、国际组织GBC开发的GBTool（徐莉燕，2008），及我国近年来实施的建筑和住宅区环境性能认定标准和绿色认证制度（刘煜，2003）等。它的特点是包含经济、社会、环境效率几个方面的综合评价，合理理解环境负荷的产出，是一项测度城市可持续发展水平的指标和调控城市空间的政策工具，因此可以为城市低碳发展、紧凑发展遇到的问题提供解决思路。目前，虽然关于环境性能的评价主要集中于建筑单体、新开发住宅小区的环境性能，宏观的尺度主要集中于对区域或城市整体生态环境质量的测评，而基于城市内部不同功能空间的中观尺度的评价较少（高晓路、季珏，2010），且多集中在建筑群，但针对城市内部环境性能的评价，恰好能够对城市地域内各种因素统筹考虑，也能够反映城市地区之间环境性能的各项差异及相互影响，为相关部门的城市规划和管理、公共服务设施的配置，以及城市功能空间的优化提供相应的参考。因此，本书欲从城市内部功能区出发，探讨其环境性能测评体系和方法。

1.2 相关概念及其界定

1.2.1 环境性能与环境效率

1. 环境性能

根据《现代汉语词典》，所谓“性能”，是指事物（机器、系统等）所具有的性质和功能。而所谓“功能”，是指事物或方法所发挥的有利作用或效能。国外关于环境性能的研究多使用“environmental performance”，但“performance”也可以翻译理解成绩效、表演、执行等，另外，“environmental performance”一词在国外的文献中还指环境绩效，即环境效率。目前，国内外对环境性能的研究多为针对建筑环境性能的研究，且其评价从建筑环境影响、质量和效率几个不同维度展开（第 2 章第 1 节展开论述）。因此可以说，环境性能的概念界定还比较模糊。

尽管概念界定比较模糊，但学者们仍针对建筑或绿色小区强调人与环境的可持续发展，以“绿色生态”为目标，对建筑或小区整体的环境表现和影响做出了评价和审定，并结合生态学的声、光、热等方面提出了评价建筑物环境性能的指标体系。

高晓路、季珏（2010）将环境性能引申到城市功能区尺度，对环境性能进行界定：一个地区的环境性能是指该地区在提供单位环境负荷（压力）的同时，所能带来的环境品质。它不仅是由其自身的环境品质决定的，还要考虑该地区对整个环境造成的各种能源、土地压力等。

本研究将日本 CASBEE 建筑环境性能与环境效率的思路相结合（见图 1-2），将环境性能定义为：一个地区的环境性能是指该地区产生环境负荷（压力）的同时，所能带来的环境、经济和社会价值。它不同于环境质量评价或环境影响评价，是一个效率的概念。该定义在借鉴日本 CASBEE 的基础上，将环境品质方面的评价扩展到经济、社会和环境的综合效益方面，其中对环境效率的评价不拘泥于环境的经济和社会效率，还考虑其环境效率。这既是对环境性能评价概念的扩展，也是对环境效率评价的扩展。因此，环境性能不仅是由其自身的环境品质决定的，还要考虑该地区的社会服务量和地区对整个环境造成的各种能源、土地的压力等。通俗地讲，环境性能评价既关乎本地区的环境是否优美，也关乎它所能带来的经济、社会效益，以及它给整体环境带来的资源消耗。

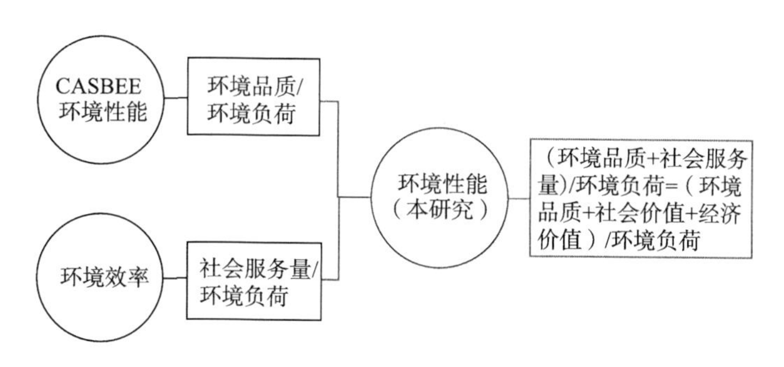

图 1-2　环境性能概念

2. 环境效率

环境效率的概念出现可以追溯至 20 世纪 70 年代（Freeman A. M.，

1973），在研究中的提法，既有“环境效率”，也有“生态效率”。1990年，Schaltegger和Sturm将生态效率视为商业活动和可持续发展联系的纽带，指增加的价值与增加的环境影响的比；1992年，世界可持续发展工商理事会（WBCSD）首次将生态效率作为一种商业概念加以阐述，并指出企业应该将环境和经济发展相结合，以应对可持续发展的挑战，将生态效率定义为，“生态效率必须提供有价格竞争优势的、满足人类需求和保证生活质量的产品或服务，同时能逐步降低产品或服务生命周期中的生态影响和资源的消耗强度，其降低程度要与估算的地球承载力相一致”；此后，许多学者和环保组织也给出了不同的环境绩效指标用以衡量环境效率。最有代表性和普遍被大家接受的生态效率定义是，经济合作与发展组织（OECD）在借鉴反映经济和环境关系的“控制方程”的基础上提出的生态效率概念模型：生态效率=社会服务量/生态负荷（WBCSD，2000）。社会服务量可用人口数、年产值（如GDP）和年工业增加值等表示，可以理解为单位生态的社会经济价值，即在最大化价值的同时最小化资源消耗和环境污染。

1.2.2 商业区及其相关概念

1. 商业

在《现代汉语词典》中，对“商业”一词的解释是：“以买卖方式使商品流通的经济活动，按商品流通的环节可分为批发商业和零售商业。”商业的根本就是交换，即从事流通经营管理的综合活动之业（韩枫，2007）。因此，商业并无严谨的经济学定义。在现实生活中不同情况下人们对商业的理解也不同，广义上有将“商业”与“服务行业”之和理解为商业的情况，还有将第三产业等同于商业的情况。

为了更好地研究城市居民日常生活的服务网络，根据城市商业区的普遍定义（主要指零售业主体以及与它配套的餐饮，详见本小节商业区概念），本书所指的商业是与居民日常生活息息相关的零售业和餐饮业。

2. 商业网点

商业网点是指一个区域中的零售、批发、商业服务、餐饮、娱乐、物流等企业的经营设施、服务场所的总和。因其点多面广，布局形成网状，故称商业网点。因此可以说，商业服务业设施的总和即为商业网点。根据本书对商业的界定，本书的商业网点指各类零售业和餐饮业的网点。

3. 商业区

《城市规划原理》一书，对现代城市商业区的定义是“各种商业活动集中的地方，以商业零售为主体以及与之相配套的餐饮”，“也可能有金融、贸易及管理行业”，而其分布与规模则“取决于居民购物与城市经济活动的需求”。在《中国大百科全书》建材、园林、城市规划篇中，商业区被定义为“全市性（或区级）商业网点比较集中的地区，它既是本市居民购物的中心，也是外来旅客观光、购物的中心”；同时也指出商业区的布置形式主要为“沿街呈线状布置、在独立地段成片集中布置、沿街和成片集中相结合布置等形式”。

因此，本书将商业区定义为：从地理空间的角度对城市某一区域连片的各类零售业和餐饮业商业设施进行划分，以区分城市内部不同的功能区。商业区在功能上具有特定的服务范围和消费群落，在结构上是由多个商业服务业设施组合而成的地域空间，在空间景观上具有集中连片的形态特征。

4. 商业中心

商业中心是指在一定区域范围内组织商品流通的枢纽地带，即一个城市商业比较集中的地区。安成谋（1990）将商业中心定义为：商业网络的集中交会点，它是由大大小小、各种规模，以零售商业为主体所组成的点状或条状商业集中区。商业中心与商业区不同，商业中心偏重于商业区中的核心区域和业态的引导作用。

5. 商圈

日本商圈研究权威石井铁卫认为：“所谓商圈（business-circle）就是现代市场中，企业市场活动的空间范围，并且是一种直接或间接地与消费者空间范围相重叠的空间范围。”可以简单理解为零售店或商业中心的营运能力所能覆盖的空间范围，或者说是可能来店购物的顾客所分布的地理区域（侯丽，2000）。商圈具有层次性、重叠性、不规则性、流动性等特征。

1.3 研究方案

1.3.1 研究目标

本书在问卷调查、GIS空间分析和数理统计分析等方法支撑下，研究城市内部商业区的环境性能评价及其空间优化，并以北京市为例进行实证分析。主要实现三个目标：

1. 对城市商业区进行空间识别和分类

商业区作为城市中主要的功能区之一，由集中连片的商业网点构成。本书对城市商业区环境性能的评价是针对城市商业功能区的评价，只有对商业区进行空间识别和分类，从而确定评价的空间尺度，才能针对城市商业功能区进行评价和优化调整。因此，本研究以北京市为案例，在对其商业空间结构进行分析的基础上，对商业区进行空间位置的识别、范围的界定和类型的划分。这既是本书研究的基础，也是本书研究的关键。

2. 建立城市商业区环境性能评价方法

系统归纳和总结国内外环境研究进展发现，对中观尺度环境性能评价研究的成果很少，而针对城市功能空间如商业空间的研究就更为匮乏。本书拟从环境效率的思路出发，充分借鉴日本CASBEE的环境性能评价体系，并对其进行修正，针对商业区自身的特点，强调其对于城市的经济价值和社会价值，建立适合商业空间的环境性能评价体系、科学的权重体系和评价结果展示的方法。

3. 基于环境性能优化调控北京市商业空间结构

随着城市的发展，作为城市发展主要动力之一的商业，其土地利用、环境污染和空间结构也出现了较多的问题。本书在对北京市不同类型商业区环境性能合理评价的基础上，探讨北京市商业区与居住区和人口的关系，进而指引不同类型商业区进行优化调控，并对商业空间规模密度、形态组合和功能布局等方面提出切实可行的政策建议，促进城市的可持续发展，保障城市的良性循环。本研究逻辑思路如图 1-3 所示。

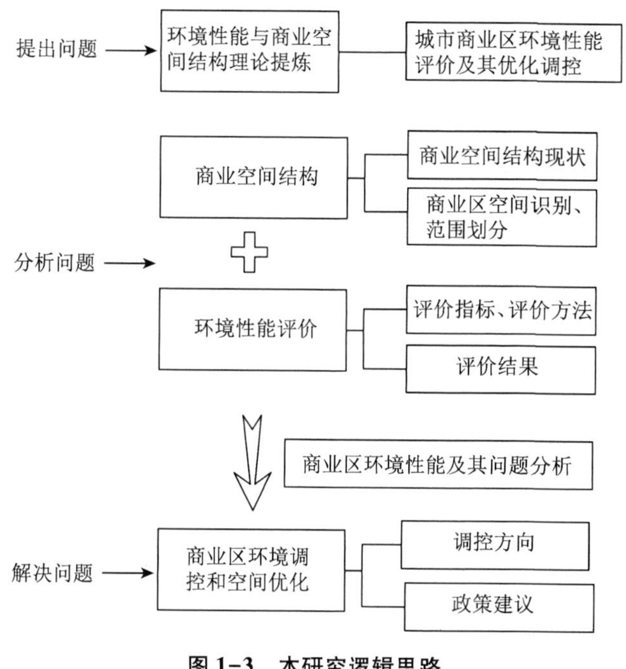

图 1-3 本研究逻辑思路

1.3.2 研究内容

1. 北京市商业空间布局发展和现状特点

梳理北京市商业的发展历程，以及历届城市总体规划和专项规划对北京市商业空间的指引。在此基础上，收集北京市全覆盖的商业网点数据，建立北京市商业空间数据库。通过核密度分析、Ripley's K(r) 函数等点模式分析法和其他空间分析方法，探讨北京商业网点的现状分布特征与集聚形态，从而明晰北京市商业空间的历史发展、规划方向以及空间格局现状。

2. 北京市商业区空间识别和类型划分

城市商业区的识别既要尽可能地细化以提高其准确性，也要考虑到分析研究工作的可实施性。本书通过 POI 数据，在获得北京市全部商业网点的基础上，确定街区为空间识别的基础单元，构建商业区空间识别模型，对北京市商业区进行识别。然后确定类型划分的指标，选择合适的聚类方法，对商业区按照功能进行类型区的划分。

3. 城市商业区环境性能评价体系的构建与评价方法的确定

从环境效率的角度，借鉴日本 CASBEE 评价思路，构建一套科学、实用的城市商业空间环境性能评价体系。本书将 SP 调查法（叙述性偏好法）引入环境性能评价中，作为确定评价指标权重的评价方法，更加贴近人们判断和选择的过程，具有更高的科学性。

4. 北京市商业区环境性能的评价

根据北京市商业区类型及其空间分布现状，选取不同类型的典型的商业空间，进行实地走访调研，获取一手数据。根据调研数据，以构建的商业环境性能评价体系为基础，进行环境性能评价诊断。

5. 人口与商业区耦合关系的环境性能研究

将城市人口空间化到住宅小区这一城市人口的基本集聚单元和与人们生活品质直接相关的单元，作为商圈分析的基本空间单元，运用哈夫模型探讨商业吸引顾客的地理空间范围，分析商业区与人口的空间匹配性，将该匹配性因素考虑到环境性能空间格局中。在此基础上，我们深入剖析各类商业区空间布局的不足，以及各类商业区环境性能在空间方面所存在的问题。

6. 优化调控北京市商业区

首先，确定商业空间优化的意义及原则。其次，分别从相对微观和宏观的角度提出切实可行的规划、建设、管理等方面的政策建议，促进商业和城市的良性循环。从相对微观层面上，对城市商业区环境性能进行调控，根据各类商业区的环境性能评价结果，针对商业区内部进行规划、管理，以促进商业区的发展。而城市商业空间结构优化，是从相对宏观层面上对商业空间结构加以调整，使城市土地资源的配置达到最佳状态，实现其社会、经济、环境各方面效益最大化，促进城市商业和城市的可持续发展。

1.3.3 技术路线与研究方法

1. 技术路线

本研究技术路线如图 1-4 所示。

2. 研究方法

（1）文献借鉴与实地调研相结合。

国内外关于环境性能评价、环境效率评价的基础研究已经有不少。因此，通过文献的收集整理、比较分析，借鉴各国相关评价思路和评价体系的优点，可以确定本研究的思路和方法；此外，环境性能的评价需要实体环境的相关数据以及居民的评价数据，这就涉及通过实地调研的方法，来获取研究的第一手资料。

（2）定性分析与定量分析相结合。

环境性能评价的内容丰富，涉及自然、社会、经济等多个方面，因此，定性评价分析必不可少。与此同时，定量分析也发挥着重大作用，尤其是统计分析、GIS 空间分析等多种方法在空间尺度的界定，以及环境性能评价影响因素的分析等方面有重要帮助。

（3）规范分析与实证分析相结合。

实证分析主要回答“是什么”和“能不能”这些类型的问题，而规范分析主要回答“应该怎样”和“该不该”这些类型的问题。但实证分析与规范分析是难以截然分开的。因为进行实证分析时，总有一定的价值判断标准；而要使规范分析有说服力，就必须使自己的分析建立在实证分析的基础上。因此，实证分析与规范分析往往是结合在一起的。

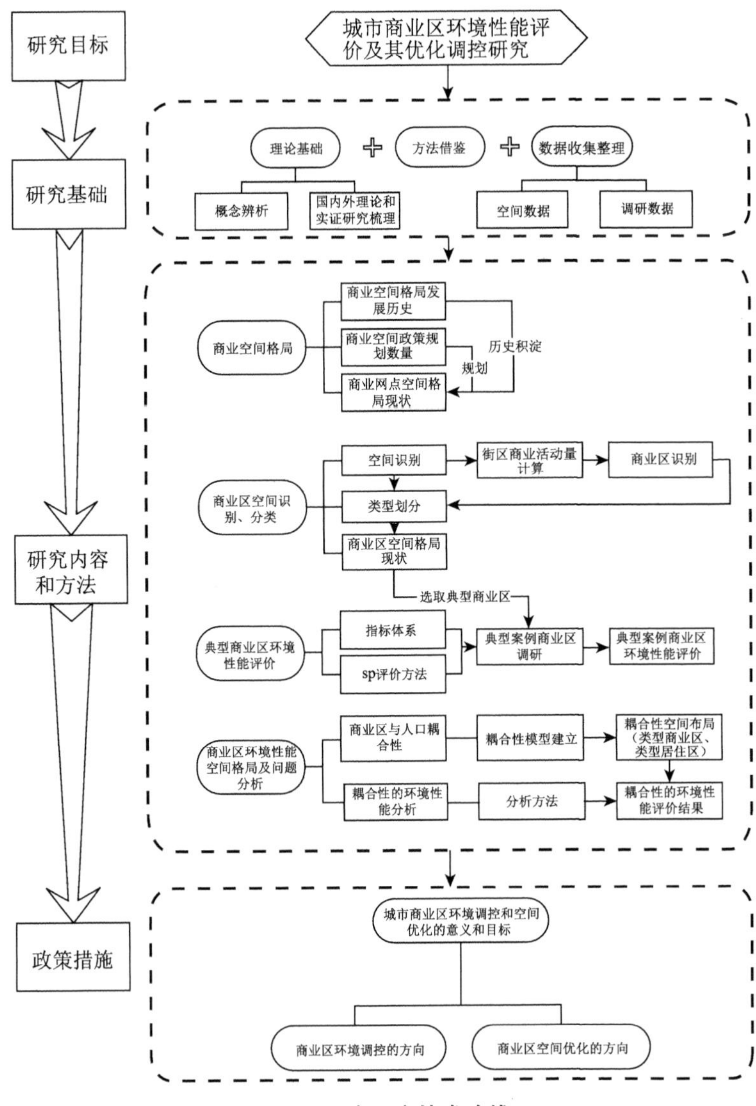

图 1-4　本研究技术路线

1.4　研究范围

在快速城市化的进程中，我国商业也呈现迅猛发展的态势。北京是我国的首都，有着悠久的发展历史以及浓厚的商业文化底蕴，且其是综合性特大城市，是全国的政治中心、文化中心。作为经济较发达的现代化大城市和重要的旅游城市，决定了其有着多元化、多层次的现代化商业。因此，本书选择北京市为案例区域。

2010年的六普数据显示，北京市93.13%的人口集中在六环以内，2010年功能核心区（东城区和西城区）的地区生产总值达到3281.3亿元，功能拓展区（朝阳区、海淀区、丰台区、石景山区）达到6606.0亿元，分别比上年增长11.7%和15.8%。同时，北京市商业网点主要集中在北京中心城区和近郊区，因此，本书选择北京市六环以内及六环附近为研究范围。这里需要说明的是，六环外、紧挨着六环的地铁昌平线南邵站附近，15号线府前街站、河东站附近，以及1号线西段延长线的门头沟附近等地，交通便利、发展较快，分布着大量的居住小区，商业网点密集，故将六环以外三公里以内也纳入研究区域，与六环内的区域共同作为本书的研究范围。研究范围以东城、西城、朝阳、海淀、石景山和丰台城六区为主，同时还包括昌平、通州和顺义城区的大部分（为了叙述方便，以下简称“北京市”）。

1.5 特色与创新

1. 理论——延伸拓展了环境性能的内涵

目前各国学者对环境性能的内涵没有明晰的界定，本书在借鉴日本CASEBB环境性能评价体系的基础上，延伸了环境性能的具体内涵，引入环境效率的思想，建立一个集经济、社会、环境指标于一身的综合评价体系。一个地区的环境性能是指该地区产生环境负荷（压力）的同时，所能带来的经济、社会和环境价值。这既是环境性能评价概念的扩展，也是环境效率评价的扩展，即使对环境效率的评价不拘泥于其经济效率和社会效率，还考虑其环境效率。

2. 视角——基于环境性能评价优化调控城市商业区

目前还没有从环境性能的角度对城市商业区进行优化调控。商业空间包括商业服务和居民消费等碳排放量较大的城市功能，以及其他一系列环境问题，而商业的空间结构是影响商业发展的重要因素之一，也直接影响城市结构的建构，因此有必要对城市商业区进行环境评测，从而提出商业区内部优化的方向以及商业区空间布局的优化方向，保障城市的良性循环。

3. 尺度——以中观尺度的视角拓宽了环境性能评价的研究层面

从环境性能评价空间尺度来看，建筑尺度的评价已经比较成熟，各国已经开发了比较完善的评价工具，学者们也纷纷对此进行了分析和实证研究。在宏观尺度上，环境质量评价、影响评价和效率评价也开展得比较成熟。然而针对城市中不同类型功能空间的中观尺度的评价却较缺乏。本书以商业空间为研究对象，深入研究了其环境性能评价的指标和方法，对研究样本的环境性能进行了评价，将环境性能的思想和方法引入城市功能空间尺度中，拓宽了环境性能的研究层面。

4. 方法——将 SP 调研法（叙述性偏好法）引入城市功能区环境性能评价

目前环境性能评价的方法多为 AHP 指标综合法或熵值法，而本书试图将 SP 调研法引入环境性能评价中，通过 SP 调查问卷的设计和离散选择模型的运用，确定评价指标的权重。以更贴近受访者、更科学的方法确定评价指标的权重，有效避免了 AHP 法对专家经验知识和主观性的依赖，以及熵值法对数据数量和质量的依赖。

5. 数据——开源大数据的利用

我国商业地理学发展相对缓慢的一个主要原因就是数据难以获取，需要大量的实地调研获取空间及属性数据，且常常涉及商业机密，难以保证数据质量。同时，从 2004 年开始的四年一度的经济普查数据没有空间数据，且实时性很差。本书利用近年来飞速发展的开源大数据（包括电子地图背景数据——POI 数据、微博签到数据等），进行商业网点的提取和空间分析，大大提高了城市商业空间研究的效率。

2 国内外相关研究进展

2.1 环境性能评价研究进展

目前，国内外关于环境性能的研究主要集中在产品、建筑、小区、区域等方面。环境性能的概念最初应用于建筑层面，后来逐步向更微观和宏观层面的应用深入。

2.1.1 微观尺度环境性能评价

国内外针对耗能较大的单体建筑纷纷提出了相应的环境性能评价体系,而且很多评价体系已经得到了广泛的应用。如欧美一些国家的 BREEAM、LEED、NABERS、GBTool、CASBEE 等，以及我国的生态建筑评价体系。

（1）英国建筑研究院环境评价系统（British Research Establishment Environmental Assessment Methodology，BREEAM）是世界上第一个对建筑物环境影响进行评价的系统，现已成为国际上应用最为广泛的建筑物环境影响评价手段。

BREEAM 将建筑物对环境的影响分为三类：对室内环境的影响、对小区环境的影响和对全球环境的影响。对建筑评估的内容包括三个方面：建筑核心性能、设计建造及管理和运行。“建筑核心性能”部分评估建筑的结构及服务，包括建筑自身对环境的基本影响，是所有被评估建筑必须评估的基本核心部分。“设计建造”包括设计过程中可以决定的有关因素，如选址、地址的生态改变、部分材料等。“管理和运行”是为评估使用中的建筑而设，包括管理政策和实施的评估（李路明，2005）。BREEAM 根据其建筑的用途以及建成情况分为不同的版本。BREEAM 2008 针对评价对象的不同，分为学校、零售业、工业、监狱等不同建筑评价版本，评价内容涉及建筑物的管理、健康和舒适、能源消费、交通、水消费、原材料、土地使用、当地生态环境和污染九个方面的表现，每一个方面又有更细分的评价指标，从而得出一个总的评价结果，并根据评价结果分别给被评价的建筑授予一般、好、很好和优秀等不同的评价等级。

（2）美国绿色建筑协会评价系统（Leadership in Energy and Environmental Design，LEED）只采用已经得到公认的科学研究为基础的自我评价系统，它可以对各种新建或已经使用的商用建筑、办公楼或高层建筑进行评价。LEED 也采用与评价基准进行比较的方法，即当建筑的某个特性达到某个标准时，便会获得一定的分数。对应于获得的不同的总分，被评价的建筑物可以获得不同的绿色建筑认证资质。

LEED 的评价内容包括六个方面：可持续的场地设计、能源和大气环境、有效利用水资源、材料和资源、室内环境质量以及创新得分。在每一方面，LEED 都提出了前提要求，而且包含了若干个得分点，评价项目根据是否达到得分点的要求，评出相应的积分；各得分点下都包含目的、要求和相关技术对策三项内容。

目前，除美国本土之外，也有来自加拿大、印度、中国的注册项目参与到 LEED 评价系统，通过评价的项目还会使用对应的 LEED 标识表明自身绿色建筑的身份，如中国科技部 21 世纪办公楼便使用了 LEED 标识。

（3）澳大利亚国家建筑环境评价系统（National Australian Building Environmental Rating System，NABERS）的目的是通过对建筑环境性能的评价来确保澳大利亚的建筑能够朝着可持续的方向迅速发展。

由于建筑在建造和使用中会消耗大量的资源，因此，NABERS 认为，任何为了澳大利亚的绿色发展、为了保护环境和资源的战略，都必须认真考虑建筑的环境性能。NABERS 还认为，在对建筑环境性能进行评价时，不仅要考虑建筑自身对环境的影响，而且还要考虑为建筑服务的其他一些基本要素对环境的影响。NABERS 的另一个特点是其在进行建筑能耗计算时详细地考虑了建筑的含能。

（4）GBC 建筑环境性能评价系统是由国际组织绿色建筑挑战协会（Green Building Challenge，GBC）采用国际合作的方法开发的一个建筑环境性能评价系统。GBC 建筑环境性能评价系统只为各国的建筑环境性能评价提供一个框架。在具体的应用中，参与的国家可以选择多个合作伙伴的方案集成，也可以选择根据 GBC 建筑环境性能评价系统提供的框架制定自己的评价系统。

该框架确定的评价内容包括资源消耗、环境负担、室内环境质量、服务质量、经济、使用前的管理和社区交通等七大项，其中前三项是核心指标，在 GBTool① 中是必须要评价的内容，其他是可选评价。在每一项内容中又包含相关子项、分子项 100 多条。这种方法能够充分考虑到国家和地区的差异性以及评价项目的灵活性，同时，这种评价内容相同、评价基准和指标权重因地而异的特点，可使不同地区评价的结果具有可比性。但从实用的角度看，其内容过于细腻，操作比较复杂（评价过程中需要输入各类设计、模拟、计算数据以及相关文字内容上千条），结果也不适应市场对生态建筑评定等级的需求。

（5）日本 CASBEE（Comprehensive Assessment System for Building Environmental Efficiency）以建筑物的环境效率（BEE）来评定建筑物的环境性能等级。这种将环境品质和环境负荷分别考虑的评价体系在已有的评价体系中比较少见。CASBEE 将评估体系分为 Q（建筑环境品质）与 LR（建筑环境负荷）。其中，建筑环境品质的主要内容包括：Q1——自然环境；Q2——地区服务性能；Q3——室外环境。建筑环境负荷包括：LR1——能源；LR2——资源、材料；LR3——建筑用地外环境。每一个评价分项又含有若干子项。

① GBTool 是由国际组织绿色建筑挑战（GBC）开发的一种建筑物环境性能评价软件。

CASBEE 采用 5 分评价制。满足最低要求评为 1 分；达到一般水平评为 3 分。参评项目每一小项按照评价基准得分，乘以其对应的权重系数，所得分数之和得出每个项目的得分，最终的 Q 与 LR 的对应得分为各自分项的得分乘以权重系数之和，相除得到 BEE 值（CASBEE Manual，2007）。根据所得 BEE 值可以参照评价对照表，查出参评项目的环境性能等级。建筑物的环境效率（BEE）= 环境品质（Q）/环境负荷（LR）。

（6）我国在绿色建筑的评价体系上起步较晚，2001 年 9 月《中国生态住宅技术评估手册》正式出版，这是我国在绿色建筑评估研究上正式走出的第一步。它包括小区环境规划设计、室内环境质量、能源和环境、小区水环境、材料与资源等五大指标。

2006 年 3 月，我国开始实施《住宅性能评定标准》，评定原则上以单栋住宅为对象，也可以单套住宅或住区为对象进行评定，适用于全国范围内住宅性能的评审和认定。其从五个方面对住宅性能实行综合评定，即住宅的适用性能、环境性能、经济性能、安全性能、耐久性能。其中，有关环境性能评价的内容包括用地与规划、建筑造型、绿地与活动场地、室外噪声与空气污染、水体与排水系统、公共服务设施、智能化系统七个方面的分指标。

2006 年 6 月，由建设部与国家质检总局联合发布的工程建设国家标准——《绿色建筑评价标准》是我国第一部从住宅和公共建筑全寿命周期出发，对绿色建筑进行综合性评价的推荐性国家标准。其评价体系由节地与室外环境、节能与能源利用、节水与水资源利用、节材与材料资源利用、室内环境质量和运营管理六类指标组成，评价的方法则是根据建筑所满足项数的多少来评定其生态级别。

2.1.2 宏观尺度环境性能评价

针对宏观尺度的环境评价研究多从生态环境质量的评价进行，主要集中于单个城市或区域尺度，研究较为深入，是从传统地理学对自然、社会经济的描述性评价，发展为涉及各生态要素、不同尺度的综合性评价。在具体评价指标体系的构建方面，学者们常选择从人口、资源、经济、社会等方面切入构建指标体系，还有对生态环境效率进行理论和实践探索的研究（许旭，2012）。这些方面的内容在本章下一节中进行具体介绍。

对于宏观尺度环境性能的研究，有些学者根据经济合作与发展组织（OECD）建立的“压力—状态—响应模型”（PSR）的概念框架，从人类活动对资源环境的消耗、环境给予的反馈，社会的各种响应等相关方面来构建区域或城市生态环境性能评价指标体系（李海燕，2009；Ji Zhao，2012）。有些学者则从紧凑度的角度，建立城市功能空间紧凑度模型，评价中国城市尺度空间形态的环境性能；认为平均服务半径越大的城市，其理论交通出行量越大，功能空间紧凑度越低，因此可认为其环境性能越差（吕斌，2011）。

日本的CASBEE于2011年3月发布了CASBEE for City，是为实现应对全球气候变化背景下的低碳城市发展愿景而开发的城市尺度建成环境综合性能评估体系，这也是CASBEE家族中最新的一个评估工具。该体系除了对城市建成环境的综合性能提供评估工具外，还通过对持续监测的城市环境政策的实效性进行评价，确定城市节能减排效果的优劣。同其他CASBEE家族的评价工具一样，其同样用环境质量与环境负荷两者的比值进行测评。城市环境质量采用环境、服务性能、对当地贡献三大类评估项，城市环境负荷主要考核其温室气体的排放量。此外，该体系以现年份作为基准年，以2020—2030年的中期作为未来预测年，在精确评价现状的同时，也通过现状和未来预测的对比，预估未来的环境性能，以便评价措施的有效性。但该体系评价条目繁多、工作量巨大，其精简版还在研发中，目前还未被地方政府应用，也少有学者应用此评价体系进行应用评测研究（CASBEE，2012；于靓，2012）。

2.1.3 中观尺度环境性能评价

近年来，越来越多的研究机构或学者意识到仅对建筑物组建或单体建筑物的环境性能进行评价远远不够，逐渐开始关注对建筑群和邻里社区的环境性能评价（Appu Haapio，2012）。如近一两年来发布的 BREEAM 社区（BREEAM Communities）、LEED 邻里发展（LEED for Neighborhood Development），以及 CASBEE 都市发展（CASBEE for Urban Development）等，但这些测评工具都是近期才发布的，因此对这些工具进行分析研究的学术文章十分少。下文就近期发布的这些国际知名的环境性能评价体系进行对比研究，为本书商业区环境性能评价体系的建立提供参考。

BREEAM 社区：是英国建筑研究院研发的系统，由 BREEAM 建筑发展而来。该系统致力于减小环境内所有开发工程的影响，为工程提供了一个在规划阶段展示对当地社区的环境、社会和经济影响的机会（BREEAM，2009）。

LEED 邻里发展：由美国绿色建筑协会为本国使用而研发，2007 年起步，2010 年形成评价体系。该体系将精明增长、绿色建筑、城市化等理念融合到邻里设计评价体系中，强调考虑土地利用和环境因素，以及区位选择、设计和建设因素，使建筑群和基础设施融合在 LEED 邻里评价体系中，并且与邻里相关的景观和环境也是评价的重要内容（LEED，2009，2010）。

CASBEE 都市发展：是日本政府、企业和学术界共同研究和开发的项目。该体系致力于城市区域，包括对集聚的建筑群和户外空间的评价，建筑内部空间不包括在内。然而，CASBEE 家族中的另一评价工具“CASBEE 都市发展和建筑群”将对建筑内部环境性能的评价也包括在内（CASBEE，2007，2010）。

将这三个针对中观尺度的环境性能评价工具在应用区域、评测指标体系以及评测指标类型三个方面进行对比分析，如表 2-1 至表 2-3 所示（根据各手册内容整理）。

表 2-1 中观尺度环境性能评价工具应用区域对比

	BREEAM 社区	LEED 邻里发展	CASBEE 都市发展
评测应用范围	可以应用于全世界的项目	主要针对北美区域	主要针对日本和亚洲其他区域
评测区域的位置	促进建筑建设完善：改造现有区位；重建棕色地带（指城市中拆除旧房后可盖新建筑物之空地）	促进建筑建设完善：改造现有区位；重建棕色地带（指城市中拆除旧房后可盖新建筑物之空地）	不强调评测地点的区位；强调公交系统及其功能
评测区域要求	有一定数量建筑的小区域或大区域 在此评测区域内，需要至少有一个建筑运用BREEAM家族工具进行测评	有一定数量建筑的小区域或大区域 对区域的大小无限制，但至少包括两个建筑。如果区域太大，建议将其拆分成小区域再进行测评	有一定数量建筑的小区域或大区域，或新建城镇 按照容积率分为两类：市中心类型（>500%），普通类型（<500%）

表 2-2 中观尺度环境性能评价工具评测指标体系对比

BREEAM 社区	LEED 邻里发展	CASBEE 都市发展
1. 气候和能源——关注减少工程对气候的影响 2. 社区——提倡充满生气的社区，鼓励社区与周围区域融合 3. 生态和生物多样性——目标是保护该地区的生态价值 4. 交通——关注交通选择的可持续性，鼓励步行和交通的循环性 5. 资源——强调可持续性资源的高效利用 6. 商业——目标是为当地商业提供商业机会，为居民提供就业机会 7. 建筑——关注建筑的可持续性能 （51 条标准，均 3 分制）	1. 智能区位及关联性——关注城市和区域的发展。发展、复兴以及服务是重要的方面。保护区域、人口以及水体 2. 邻里模式及设计——强调公共交通、减小对机动车的依赖。通过社会交往与其他社区（富人区）进行联系 3. 绿色基础设施和建筑——致力于减少维护建筑和基础设施造成的环境影响。强调能源和水的高效利用 4. 附加类型：创新和设计过程的区域优先权 [53 条标准，1～10 分不同等级制，共 100（+10）分]	Q1——自然环境 Q2——服务性能 Q3——对当地社区的贡献 LR1——对微气候、外观和景观的影响 LR2——社会基础设施 LR3——当地环境管理 （80 条标准，均 5 分制）

表 2-3 中观尺度环境性能评价工具评测指标类型对比

类别	具体问题	BREEAM 社区		LEED 邻里发展		CASBEE 都市发展	
		条目	占比（%）	条目	占比（%）	条目	占比（%）
基础设施	设计原则、社区、区域中建筑、热岛效应、政策和管制	12	24	17	32	36	45
区位	土地利用、区位塑造、政策和政府管制、住房负担	7	14	5	9	3	4
交通	公共交通、步行和自行车、私人汽车、停车、家居办公	11	22	8	15	6	8
资源和能源	垃圾处理、材料使用、保护资源能源、再生能源	7	14	8	15	14	18
生态	自然、生物多样性、水处理	9	18	14	26	14	18
商业、经济、就业	就业、新型商业、家居办公	5	10	1	2	2	0
人类	生活质量、社会基础设施、城市环境	0	0	0	0	5	9
总计		51	100	53	100	80	100

从以上的对比可以看出，这三个评价工具均从基础设施、区位、交通、能源和资源、经济及人类等方面进行评价，其中基础设施方面的比例最高，其他方面各评价体系各有侧重，仅日本的 CASBEE 都市发展较注重人居环境，在指标体系中考虑了人类的要素。就评价方法而言，各评价工具均主要采用 AHP 指标综合法。

在学术研究方面，中观尺度环境性能评价研究刚刚起步。2001 年，住房和城乡建设部住宅产业化促进中心编写了《绿色生态住宅小区建设要点与技术导则》，从能源系统、水环境系统、气环境系统、声环境系统、光环境系统、热环境系统、绿化系统、废弃物管理与处置系统、绿色建筑材料系统 9 大方面考虑了绿色生态小区所要满足的环境性能指标。东南大学李启明等（2003）建立了生态住宅小区环境性能评价层次模型和评价指标体系；评价所用的指标体系借鉴了国内外较成熟的指标体系，提出了包含能源、水、气、声、光、热、绿化、废弃物管理、绿色建筑材料、可持续发展、绿色管理 11 个方面内容的指标体系，并且利用 AHP 层次分析法确定了各项指标的权重，利用模糊综合评判建立绿色生态小区环境性能评价模型。于维洋等（2007）采用了来自水环境系统、声环境系统、小区智能系统、开发系统等 12 个方面的 39 个指标，利用层次分析法对评价指标体系的权重进行了确定，并采用灰色聚类的方法评价了某个住宅小区的各项环境性能。这些环境性能评价主要针对的是新开发的小区项目，其环境性能评价的内容比较关注小区内部的环境，如小区的景观设计、小区的能源利用、废物处理等，评价的结果较多地强调了环境品质，对外界的环境负荷关注较少。在现有的环境性能评价研究中，学者们还侧重对住宅小区的某一方面的环境性能进行评价研究，如评价住宅小区的声环境、水环境等。陈亢力等（2006）利用生态小区环境性能评价方法体系（EPAS），对天津、北京、苏州地区三个小区的水环境性能做出评价，从污水处理达标率、中水回收率、雨水利用率、人造景观水体水质、供水水压等方面进行了评价。最终提出关于管道直饮水、中水、人造景观水体存在的问题和改善的对策。

季珏、高晓路（2010）对居住区环境性能评价方法进行了研究，该研究以居住区为研究对象，从环境效率的角度出发，借鉴日本 CASBEE 评价体系，利用环境品质和环境负荷之比测评地区的环境性能，构建了城市居住区环境性能的评价体系。此外，运用空间聚类分析及评价方法将研究区划分为 3 个不同的类型区（行为区），作为环境性能评价的基本空间单元；以 3 个类型区为基本单位，进行了环境性能的评价。该研究是对环境性能评价运用于城市功能区这一中观尺度的大胆尝试和成功范例。但该研究只针对城市中案例居住区进行了考察，主要关注的是行为区内的环境质量和环境品质，没有对社会和经济方面的性能进行评价，也没有对居住区与其他功能区的匹配关系进行深入研究。

2.1.4 小结

从环境性能评价空间尺度来看，建筑尺度的评价已经比较成熟，各国已经开发了比较完善的评价工具，且基本上都被本国政府采用进行项目评价，学者们也纷纷对此进行了分析和实证研究。在宏观尺度上，环境质量评价、影响评价和效率评价也比较成熟。然而现有的中观尺度的环境性能评价的研究内容还主要是建筑群及其周围空间，特别是针对住宅建筑群、居住社区，针对城市中不同类型功能空间的评价主要集中于居住区，对其他功能区的评价几乎没有，也没有考虑不同功能区的匹配问题。但城市不同功能空间环境性能的研究恰好是城市发展、规划的重要参考，因此本书选择商业空间这一对城市环境影响较大的典型城市功能空间，探讨商业空间环境性能及其与居住空间的匹配关系，对其评价体系、方法等进行深入研究。

从环境性能评价内容来看，国内外环境性能的评价日臻完善，各国评价体系以及学者们都十分关注环境的基础设施、交通、资源和能源等方面的因素，评价关注的指标有一定的共性。但从本质而言，环境性能的评价有些属于环境影响评价，如 BREEAM 体系，关注气候、资源生态等环境的影响；有些属于环境质量评价，如 LEED 体系，关注建筑或建筑群的环境质量水平。而比较特别的是日本的 CASBEE 体系，包含环境品质与环境负荷两方面的内容，环境品质和环境负荷两方面指标的比值从本质上说是一种环境效率。结构化的指标体系设计能够清晰地测评到评价项目所带来的环境负外部性以及区域之间的相互影响（张健，2008），有利于较全面地把握一个地区的环境性能。在实践中，一些地区为了追求良好的环境品质而引进耗费大量能源、资源的项目，这种项目虽然带来了宜人的环境，但却加重了环境负担，造成环境效率的低下，不利于城市地域的可持续发展；还有一些地区为了减小对环境的影响，尽量减少项目开发，而不利于环境品质的提升和社会经济的发展。利用 CASBEE 测评的思路可以避免这种片面的做法。此外，CASBEE 采用环境性能图（environmental efficiency）可以很容易地看到内部环境品质和外部环境负荷，可以清晰地表示出所在位置需要提高的方面。所以，本书参考 CASBEE 环境性能评价体系的思路对城市商业区进行环境性能的研究。

2.2 环境质量、环境影响、环境效率评价研究进展

2.2.1 环境质量评价研究

环境质量是客观存在的一种本质属性，这种本质属性的外部特征可以用定性或定量的方法加以描述（叶文虎，1994）；而环境质量评价则是指按照一定评价标准和评价方法对一定区域范围内的环境质量进行说明、评定与预测（郦桂芬，1989）。国外对于环境质量评价的研究始于20世纪60年代，如美国、日本、西欧相继提出、采用一些了环境评价模型；而同一时期，东欧、苏联等采用统一的物理、化学、生物指标进行评价。Marull J.等（2007）构建土地适宜性指标体系，提出自然环境适宜性、生物环境适宜性以及功能适宜性几方面指标框架，包括植被敏感性指数、原生生境指数、基质稳固性指数、生态隔离度指数等具体指标，利用地理信息系统的方法来评估城市生态环境质量状况，为合理规划城市土地利用提供依据；Pictett S. T.（2004）、Zurlini G.等（2006）从弹性力角度，通过生态、社会经济弹性力评估，建立城市弹性力与城市生态规划之间的桥梁。而我国环境质量评价的研究在20世纪80年代末才逐渐被重视，近些年在环境质量评价的相关理论、指数系统和模式分析等方面取得了一定的进展（祝绯飞，2010）。

环境质量评价对象的尺度范围很广，大到国际性地区、海域、流域，中到省域、城市，如全国省域、新疆、江苏等（边正孝，2004；蔡文倩，2013；郭朝霞，2012；叶亚平，2000；周华荣，2000；朱晓华，2002），小到城市的不同功能区，如城市居住区、公园等（王训国，2004；李永雄，2013）。还有一些学者针对不同类型的环境要素进行评价，如水、大气、土壤、声环境或是人居环境等方面（王润福，2008；李艳，2008；吴秀芹，2010）。

在环境质量评价指标体系方面，学者们根据评价对象、评价目的不

同，所提出的评价指标差别很大。但针对区域环境评价指标的构建基本上可以分为三个方面：一是自然条件，如土壤、气候、水文、植被、地质等；二是基础建设，如景观、交通道路、绿化环保和公共卫生等方面；三是社会经济和文化，如安全、消费、教育状况等。总体来说，学者们对指标体系的设置趋全趋细（颜梅春，2012）。

环境质量评价方法主要有：①综合指数法：将不同量纲的指标无因次化，其形式很多，如加权平均指数、几何平均指数等。②层次分析法：模拟人脑对客观事物的分析过程，将定量分析与定性分析结合起来的一种系统分析方法（毛文永，1998）。该方法主要是先将评估对象层次化，其次通过确认各因素之间的隶属关系及相互影响，构成一个多层次的分析模型。③模糊评价法：环境质量具有精确与模糊、确定与不确定的特性，所以环境质量评价中又引入了模糊评价方法。常采用的模糊评价法有模糊综合评价法、模糊聚类评价法等（吴宁，2005）。④灰色系统法：灰色系统理论法是由邓聚龙教授（1982）提出的，该理论用颜色深浅表示信息的完备程度。在城市环境质量的评价中，有限时空的监测数据提供的信息是不完全的，因此环境系统是一个灰色系统。在使用时，首先对数据进行无量纲化，其次确定灰色关联系数、评价因子权重，确定灰色关联度，最后按照最大原则确定属于何种等级。⑤物元分析法：利用关联函数可以取负值的特点，使评价与识别能全面地分析环境系统属于某评价等级集合的程度，建立事物多指标性能参数的评定模型，并以定量的数值表示评定结果，从而相对完整地反映事物质量的综合水平（李祚泳，1995）。⑥人工神经网络法：神经网络具有大规模并行、分布式处理、自适应、自学习等能力，适合于处理需要同时考虑众多因素和模糊信息的问题。在研究中，应用较多的人工神经网络模型是 B-P 网络模型、自组织竞争网络模型、径向基 RBR 网络模型（李丽，2008；郭彦，2010）。⑦叙述性偏好法：这种方法起始于市场营销学对消费者的偏好研究（杨雁翔，2010），是对采用虚拟调查方式的一类方法的统称，包括选择实验、结合分析等方法。该方法在环境质量评价上的应用还处于探索阶段，如赵倩等（2013）以上海杨浦区为例探索叙述性偏好法在居住环境质量评价中的应用，通过叙述性偏好法调查与离散选择模型的拟合，得到各要素指标的权重值。

除了上述重要的评价方法外，人们还探讨了其他一些评价方法，如密切值法、景观生态法、主分量法、秩和比法（RSR）等，不过这些评价方法有的仅适用于特定场合，其应用受到一定限制（王志杰，2008；徐燕，2003）。

2.2.2 战略性环境影响评价研究

环境影响评价（EIA）的概念在1964年的国际环境质量评价会议上首次被学者提出。20世纪70年代前，EIA主要针对单一的建设项目，对项目实施后可能引起的环境影响进行识别、预测和评估。80年代初，环境评价开始与政策、规划相衔接，更注重工程分析。环境影响评价的根本目的在于将环境保护贯彻于项目决策和规划中，将建设项目和规划实施后的环境影响降低到可接受程度（陆书玉，2001）。国外早在80年代后期就开始EIA有效性的研究（Ortolano L.，1987；Wood C.，1994）。目前，世界上已有100多个国家建立了环境影响评价制度（陈晨，2009）。环境影响评价对象包括单个建设项目和大型综合项目的单纯的环境污染和整体的生态影响；评价内容包括自然、社会及经济等方面的因素；评价程序规范化；评价方法多种多样，并广泛应用了计算机模拟。

传统的环境影响评价是从发展经济目标出发，其指导思想、理论基础和原则方法主要是为经济目标服务的，忽视了环境的持续发展能力的增强和改善。战略环境评价（SEA）是环境影响评价的延伸和发展，是EIA在政策、计划和规划层次上的应用（Therivel Riki，1992），属于第二代环境影响评价体系，是环境影响评价应用在更高的战略层面上的一种评价。它是对现有的政策法律、规划和计划的实施活动对环境可能带来的影响进行的系统综合的预测和评价，并评价在最不利的影响条件下对环境的影响，从而相应地实施科学的预防及补救措施，起到对拟实施战略的修正或方案替代选定作用（包存宽，2004）。

评价对象：目前一些发达国家的战略环境影响评价对象主要分为行业战略性环境影响评价、区域战略性环境影响评价两种类型。行业战略性环境影响评价主要有：废物处置、水供应、农业、森林、能源、娱乐和交通战略环境影响评价；区域战略性环境影响评价主要有：区域规划、城市规划、社区规划和乡村规划战略环境影响评价。

战略环境影响评价的基本内容：环境保护目标和相关环保措施；现存的环境问题，特别是在被保护和敏感区域的环境问题；拟议行为可能产生的环境影响，采取的减轻措施和更利于环境的替代方案；监视计划和可能由战略实施而产生的项目和其他措施等。

评价方法：SEA 牵涉面广泛，需要综合运用政策学、经济学、环境科学、管理科学、数学、物理、化学等多种学科的知识。评价方法以定性方法为主，并与定量方法相结合。大致可以分为以下几类（牟忠霞，2005）：①传统环境影响评价方法经修改后应用于 SEA：数学模型法、系统模型方法、综合评价方法（如矩阵法、清单法和流程图法）、环境经济学方法（如资源核算法、费用效益分析法、投入产出分析法等）。②政策、规划分析方法：对比分析法（包括类比分析、前后对比分析、有无对比分析法等）、成本效益分析法（政策成本包括政策制定费用、政策衔接成本、政策摩擦损失、政策操作费用、“对策”行为的损耗及政策造成的环境退化的损失六种形式）、统计抽样分析法、情景分析法（对于某一战略实施前后或有关该战略实施的不同情况下的社会经济状况进行定性的描述、预测，以确定战略环境效应和环境影响）。③信息技术法：主要是指地理信息系统、遥感技术、专家系统、环境管理信息系统、综合决策支持系统等。如利用 GIS 将区域的污染源数据库和环境特征数据库（如地形、气象等）与各种环境预测模型相关联，采用模型预测法对区域的环境质量进行预测。④累积影响评价法、系统集成方法（李巍等，1998）等。

战略性环境影响评价主要步骤及相应方法总结见表 2-4。

表 2-4 战略性环境影响评价主要步骤及相应方法总结

SEA 中的主要步骤	采用方法
判断是否需要 SEA	矩阵法、列表法
战略分析	影响清单
环境信息的收集	数学方法、GIS、遥感、指标法等
影响分析和预测	数据模型、德尔菲法、风险分析、指标法、GIS、民意测验、趋势外推、投入产出、公众磋商、系统流程图、幕景分析等
综合评价	投入产出法、GIS、模糊系统分析、列表清单法、矩阵法、网络法等
社会经济分析	打分加权法、数学模型法、投入产出法、费用效益分析法等
替代方案的形成与优选	德尔菲法、费用效益分析发、矩阵法、多目标决策法、目标矩阵分析

2.2.3 环境效率评价研究

1. 环境效率概念

环境效率的概念在前文进行了辨析，这里就不再详述了。总体来说，自 20 世纪 70 年代环境效率提出后许多学者和环保组织也给出了不同的环境绩效指标用以衡量环境效率。最有代表性和普遍被大家接受的生态效率定义是经济合作与发展组织（OECD）在借鉴反映经济和环境关系的“控制方程”的基础上提出的生态效率概念模型：

$$E=S/I \tag{2-1}$$

式（2-1）中，E 为生态效率，S 为社会服务量，I 为生态负荷。社会服务量可用人口数、年产值（如 GDP）和年工业增加值等表示；可以理解为单位生态负荷的社会经济价值，即在最大化价值的同时最小化资源消耗和环境污染。

我国学者在 20 世纪 90 年代末期引入资源环境效率的概念，由于涉及环境的综合评价存在标准不一和实际数据获取困难等问题，已有的研究仍以定性研究为主，在介绍、引进国外先进概念和理论方法的基础上，初步形成了一些适合中国国情的理论和方法，主要集中在环境效率概念的解释、环境效率与循环经济关系、基于环境效率的循环经济评价指标体系的建立以及循环经济模式的提出等方面（许旭，2010）。

2. 环境效率（生态效率）研究对象

环境效率（生态效率）的概念最初应用于企业层面，后来逐步向更微观和宏观层面深入，现主要集中在产品、企业、行业、区域四个方面。由于研究对象层次的差别和研究目的的不同，计算与评价方法也各有差异。例如，运输行业特别关注能源消耗和大气污染，食品加工业则关注水资源消耗和废水排放。Morales 等（2006）采用生态效率函数对墨西哥石化企业不同生产流程通过实施清洁生产产生的经济和生态效益进行分析，该函数以原材料使用量、产量及残余物的量作为变量。Charmondusit 等（2011）采用 WBCSD 提供的指标分别对石油和石油化工行业的上中下游企业的物质—生态效率、能源—生态效率、水资源—生态效率、排放污染物—生态效率进行计算，分析生态效率变化趋势。

以区域或国家为研究对象的资源环境效率实践不多，目前尚无普遍认可的方法，学者们在区域资源环境效率的计算方法上展开了探索。Melanen M.（2004）在 Kymenlaakso 工业区进行了生态效率的项目研究，第一次提出在区域环境效率的评价指标中，必须引入社会方面的指标，通过对区域经济、环境和社会三方面综合考虑，对该工业区 2000 年的生态效率进行定量分析，进而为芬兰其他地区生态效率评价提供了准则。Seppala 等（2005）着重研究了与区域环境效率相关的环境和经济指标，环境影响指标的提出建立在区域的生命周期评价分析基础上，其中包括压力指标（二氧化碳等温室气体的排放）、影响类型指标（如天气变化中二氧化碳的等价物）和总体影响指标（将各种影响清单结果合并为一个数值）；经济指标一般包括 GDP、附加值。王震等（2008）借用生命周期分析的相关研究成果，构建了区域工业环境效率的指标体系、计算步骤和方法，经过分析，认为工业生态效率指标及测算可比较全面和真实地反映某个区域在经济、环境、社会等方面各种政策的实施效果。王兵等（2010）运用 SBM 方向性距离函数和卢恩伯格生产率指标测度了考虑资源环境因素下中国 30 个省份 1998—2007 年的环境效率、环境全要素生产率及其成分，并对影响环境效率和环境全要素生产率增长的因素进行了实证研究。

总体来说，在企业的资源环境效率研究中侧重行为动机和战略视角，有较深厚的理论基础和实践经验；而行业的资源环境效率的评价具有一般性，可以从系统角度比较不同企业间的产品、工艺流程、生产技术上的优劣，为行业的可持续发展提供指导；而对区域的资源环境效率研究较少，目前仍处于理论实践探索阶段（许旭，2010）。

3. 环境效率研究方法

经济—环境比值法：核算方程由 WBCSD 提出，即生态效率 = 产品或服务的价值/环境影响。经济维度通常以货币的形式表示，而环境维度则转化为资源消耗或者其他环境影响指标。

多指标评价分析法：指标评价法在资源环境效率的评价中很常见。资源环境效率的计算通常涉及经济、资源和环境几方面的指标。该方法的优点是指标的可解释性强，最大的问题是赋权时受到主观因素影响太大。但该方法在分析产业资源环境效率问题上效率较高，仍应用较多。

数据包络分析法（DEA）：DEA 方法以相对效率概念为出发点，是评价具有相同类型的多投入、多产出的单元是否有效的一种系统分析方法（Huppes G.，2005）。DEA 是采用统计学方法自动赋权，可以有效减小主观性影响。能够在不脱离评价目的的前提下调整输入输出指标体系，多次求解，通过对比不同结果，可以观察到哪些指标对 DMU 有效性有显著影响，这在复杂系统评价研究中有特别的意义。但 DEA 模型要求评价单元的数量应是指标数量的 2 倍以上，因此环境影响种类受到数量限制。近年来也有部分学者尝试将其应用在区域或产业系统资源环境效率的评价中。如杨青山等（2012）应用传统 DEA 的 C2R、BCC 模型，对“十一五”期间产业集群的环境保护投入产出效率进行评价，应用改进 DEA 的 SBM 模型，从能源环境效率视角，评价了三大城市群经济—环境的协调程度。

生态热力学法：能值分析是以能值作为标准，将系统中不同类别、不同等级的能量流转为统一标准进行评价的方法。它通过对物质流、能量流等的综合衡量，对系统进行有效设计，使系统达到最大经济效益、社会效益和生态效益。因此被一些学者逐渐用于资源环境效率的评价（李名升，

2009）。

此外，生态拓扑（Quariguasi，2009）、生态足迹（廉鑫，2006）、物质流（张炳，2009）等方法也被用于核算环境效率。

2.2.4 小结

环境质量评价、战略性环境影响评价和环境效率评价都是针对环境进行的评价，其目的均是提高环境质量，保证其可持续发展。而且通过以上分析我们可以看出，它们无论是评价的对象，还是评价的方法都有一定的共性，相互之间可以借鉴。环境质量评价和战略性环境影响评价发展较早，已经有了比较成熟的理论和方法，而环境效率评价则还在探索阶段，区域尺度的环境效率评价实践仍较少。

本书所研究的环境性能也和这三者密不可分，其关系如图 2-1 所示。环境性能简单来说就是环境的性质和功能，目前的环境性能评价体系有些关注环境的质量，有些则关注对环境的影响，还有一些则是借鉴环境效率的概念考察单位环境负荷下的环境品质，如日本的 CASBEE。而本书则在 CASBEE 环境性能评价的基础上，充分借鉴环境效率的思路，将环境品质的评价扩展为经济、社会和环境的综合效益的评价，这既是环境性能评价概念的扩展，也是环境效率评价的扩展，即对环境效率的评价不拘泥于其经济效率和社会效率，还考虑其环境效率。

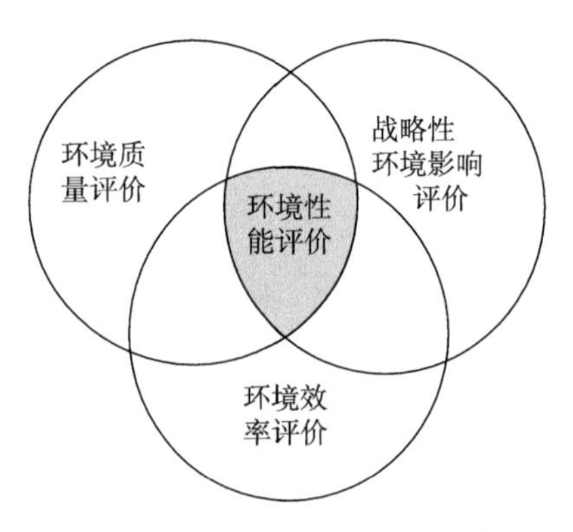

图 2-1　环境性能评价的概念范畴

2.3 城市商业空间研究进展

城市商业区是城市商业活动的空间载体，按照不同的视角可将城市商业区分为不同的类型。而城市商业区的研究首先从商业活动供给角度出发，以中心地理论为基础，研究商业活动的区位选择。后期，有很多学者把消费者行为纳入商业空间的研究中，分析消费者行为差异对商业空间结构的影响，提出并不断修正不同的测算商圈吸引范围的模型。

2.3.1 城市商业空间的分类

1. 按商业业态分类

20 世纪 60 年代，日本学者提出了“业态”这一概念，并进行了相关的研究。铃木安昭认为狭义的业态中零售业态与零售形态相同，即从店铺的形态上看，业态是指零售经营者关于具体零售经营场所和店铺的经营战略的总和。日本零售商业协会将零售业态定义为：与消费者的购买习惯的变化相适应的零售经营者的经营形态。简单来说，商业业态就是商业经营的状态和形式（余新发，1997；蔡国田，2002）。我国现在实施的业态分类标准是由国家质量监督检验检疫总局、国家标准化管理委员会于 2010 年联合颁布的新国家标准《零售业态分类》（GB/T18106-2010）（国标委标批函〔2010〕102 号），该标准于 2010 年 10 月 1 日实施。该标准按照零售店铺的结构特点，根据其经营方式、服务功能、商品结构，以及选址、商圈、规模、目标顾客和有无固定营业场所等因素将零售业分为食杂店、便利店、折扣店、仓储会员店、百货店、超市、大型超市、专业店、专卖店、家居建材店、购物中心、厂家直销中心、网上商店、自动售货亭、电视购物、邮购、电话购物共 17 种业态，并规定了相应的条件。张永清（2002）对商业业态的历史演进规律进行了总结，如表 2-5 所示。

表 2-5　商业业态的演进历程与特征

商业业态	兴起时间	原因或背景	经营特征	市场地位	地理地位
百货商店	18 世纪	工业革命的促动	在一座大型建筑物内设销售区，定价销售，商品种类齐全，批量少，价格高	满足顾客对时尚、商品的多样化需求，需求门槛高	城市繁华区如 CBD、交通要道
一价店	19 世纪末	适应经济危机条件下人们购买力低下情况	规模小、品种杂、种类少、实行一价经营	一般顾客，需求门槛低	居民区
超市	20 世纪初	人们生活节奏加快	自选销售，以食品、日用品等购买频率较高的商品为主	以居民为主要服务对象，步行 10 分钟可到达	居民区、交通要道
巨型超市	“二战”后	商业郊区化，交通发达，小汽车普及	自选销售，以经营大众化日用品为主	满足顾客“一次性购物”的需求	城郊接合部、交通要道
便利店	20 世纪 50 年代	单身家庭增多，人们夜生活丰富	以速成食品、小百货为主，具有及时性消费的特点，营业时间长达16~24小时	满足顾客便利性需求	居民区、公路干线旁、娱乐场所边
专卖店	20 世纪中期	人们需求趋于多样化、个性化	专门经营或授权经营某一品牌，服务高质量、高效率	以高收入、挑剔顾客为对象，需求门槛高	繁华商业区或购物中心内
购物中心	20 世纪五六十年代	人们购物行为复杂化，购物与休闲融为一体	集大型卖场、服务设施与娱乐设施为一体，由核心店与专卖店组成，经营商品多样	满足顾客购物、休闲及娱乐需求	中心商业区、城郊接合部、交通要道
仓储商场	20 世纪 70 年代	连锁经营兴起，汽车购物盛行	以经营生活资料为主，薄利多样与连锁经营为其特色	面向中小零售商、集团等购买	城乡接合部

续表

商业业态	兴起时间	原因或背景	经营特征	市场地位	地理地位
电子商业	20世纪八九十年代	计算机技术、网络技术发展迅速	网上购物，没有实体店，突破了距离障碍	面向商店、消费者、政府等	三维的市场空间

资料来源：张永清（2002）。

从零售业态的生成演变中可以发现，各种业态的形成和发展有一定规律，存在一定的必然性。各种业态的出现，主要有赖于某一国家或地区客观经济技术条件，市场经济的发展催生了各种现代零售业态，呈现大型化、多元化、连锁化。新兴的业态往往顺应大众消费水平的提高和消费方式的变革，为满足不同顾客的不同需求而产生。

地理学者对商业业态的研究主要集中在商业业态空间结构或者某种要素对商业业态空间的影响。林耿团队在这方面形成了一系列研究成果，如2004年以产业、用地、交通、行为、历史和文化为影响要素，分析这些要素共同作用下广州市商业业态的形成机理，并对各业态的经营效益进行了评价。2005年以广州为例，考察了社会文化和历史区位对城市商业业态空间的影响，分析了城市商业区对商业文化的继承和创新方式。2008年以联系商业业态空间与居住空间的纽带——消费者行为为切入点，选择广州市8个街区的1428位居民为调查对象，通过问卷调查，研究了二者的特征及关系。同年，以广州市地铁一、二、三号线为例，分析地铁开发对沿线商业业态空间的影响，并从行为地理的角度进行解释。

2. 按商业外部空间形态分类

城市商业活动通过人流、物流、信息流和资金流等形式表现，在城市某些区域集聚，从而在空间上呈现出了不同的形态结构，即商业业态的空间聚合形式。目前，对商业形态专门进行研究的文献不多，而且有的学者对商业业态和商业形态的区分并不清晰；但不同学者针对不同的研究目的对商业外部空间形态进行了分类。如刘晓倩（2005）将商业外部空间形态分为商业点、商业街和商业区，并提出商业外部空间形态指商业业态和内部组织结构在空间上表现出的形态。方向阳等（2005）将广州地铁站口从商业形态角度划分为斑状、条带状、面状和团块锥体状。杨靖等（2007）将住区商业的空间形态分为独立式、沿街商业和步行商业街三种，不同类型的住区可以根据自身情况设计不同的商业形态。杨艳（2011）明确界定了商业业态和商业形态的区别，将商业形态分为点状、线状、带状、块状四种，并分别列举了一些我国著名的商业例子。由此可见，学者对商业空间形态的研究，基本可以抽象地分为点、线、面三种状态。

点状：商业点是指从事商品交易的单体商业经营场所或在同一地区统一经营管理的综合营业场所，主要包括居住区或交通沿线的超市、便利店和仓储式商店及其他商业网点等。

线状：商业网点主要在街道两侧顺街平行聚合分布，人流量大，交通通达性好，在空间上呈现条带状。从不同角度可将商业街分为不同的功能，如按照其形成和发展，可分为传统型商业街和新兴商业街。

面状：指商业网点分布在一定地域范围内的连续性区域中，有可能是由相邻、相连的几条商业街以及零散的商业网点在空间内共同组成的。因此面状商业区可能分布着众多点状和线状的商业形态，业态丰富、层次分明。从商业区的发展时间来看，商业面是商业空间发展到比较成熟阶段的外部空间形态的表现（刘晓倩，2005）。

3. 按商业功能分类

国内外学者由于关注视角不同对商业空间功能的分类存在很大差别。管驰明等（2006）通过对南京南湖地区的实地问卷调查和访谈，认为商业空间的功能与其服务范围和商品组合密切相关，从消费者购物的角度看，消费者光顾不同功能的消费空间的频率和距离有显著差异；据此按照新商业空间的服务范围、商品组合和相应的消费者行为来进行类型划分，可将新商业空间划分为便利性和日常用品消费空间、选购商品消费空间和高档多功能消费空间三种功能类型。林耿等（2003）认为商业功能区是不同商业业态及其功能在地域空间的组合形式，商业功能的综合性反映了区域商业发育的成熟程度；在具体确定广州市商业功能区时，将代表性大型零售百货商店和大中型批发市场分别投影到地图上叠加，在空间上确定各个区域主导的商业功能特色，如芳村区商业功能区以花卉、茶叶批发特色为主，站前路一带以服装和皮具批发特色为主，北京路一带以综合零售特色为主，等等。

此外，还有很多学者对特殊复合型商业空间如中央商业区（CBD）和游憩商业区（RBD）分别进行了深入的分析。例如，王慧等（2007）以当代 CBD 演进基本规律及基本理论为借鉴和索引，并以西安市为实证案例对当代中国城市 CBD 体系发展演进的一些典型现象、特征及其机制进行了分析。陈志刚等（2012）在讨论游憩商业区定义与深度访谈的基础上，通过形状指数、土地利用动态度等指标测度典型旅游城市阳朔县 RBD 的形成与发展，并对其影响因素与成长机制进行路径分析。

4. 按商业等级结构分类

不同等级的商业区，其商业类型、商品组合、服务范围也不同。国外学者提出的代表性的方法有：卡罗尔（H. Carol）分类，即将其分成中心商业区、较大区域的商业中心、较小区域的商业中心、局部区域商业中心。普拉德福特（M. J. Prandfoot）分类，即将其分成中心商业区、外围商业区、主要商业大街、较小区商业中心、孤立的商店群。贝里（B. J. L. Berry）把中心、带、专业区正式化，把中心区分为便民设施、街区中心、社区中心、区域中心、大城市商业中心区，把带分为传统购物街、城市干道、新的郊区带、沿公路发展带，把专业区分为汽车业街、印刷区、娱乐区、舶来品市场区、家具区、医药中心等。T. Hartshorn 将城市商业划分为中心商业区、区级商业区、社区商业区和邻里商业点，如图 2-2所示。

我国学者在国外理论的基础上，也根据研究区域、研究目的等的不同，对商业的等级结构进行了研究。如杜霞等（2007）从宏观上把商业中心分为三个等级——市级商业中心、区级商业中心、社区商业中心，以上海为例，各等级商业中心各选取一个典型案例，探讨其发展演变特征和机制，预测未来商业的空间发展趋势。方向阳等（2005）研究指出，广州商

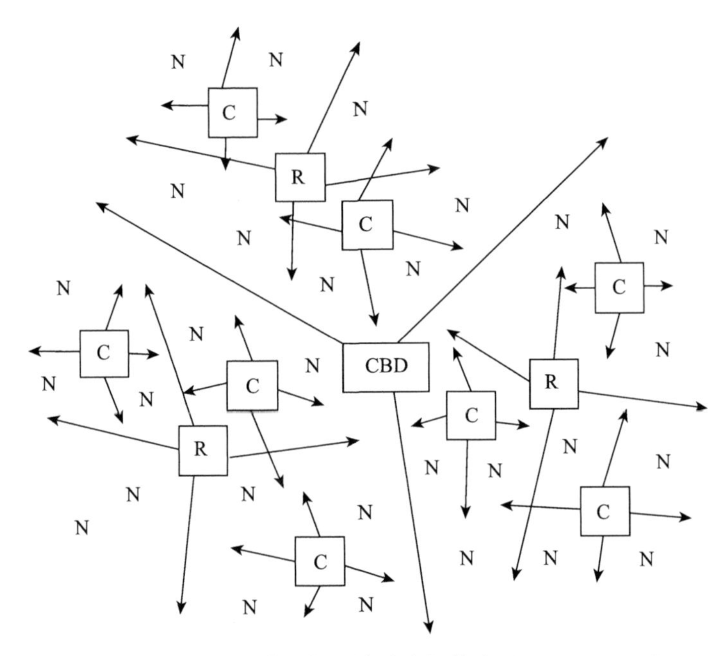

图 2-2 城市商业等级体系传统空间模式（T. Hartshorn）

注：CBD——中心商业区；R——区级商业区；C——社区商业区；N——邻里商业点。

业中心按其服务范围大小，大致可分为市级商业中心、区级商业中心和小区级商业中心。这些都是基于国外经验和自身城市发展情况定性地对商业等级进行划分。

在定量划分研究方面：宁越敏（1984）实地调查了上海市城市中心区商业中心，首次建立了界定商业中心的一套指标。他选取了商业中心内商店数、商业中心的职能数等 5 个指标，对上海市 61 个商业中心进行了聚类分析，将其划分为 3 个级别 5 种类型。吴郁文、谢彬等（1988）在研究广州市城区零售商业企业区位布局时应用了这种方法，增加大型综合商场、大饭店、宾馆职能单位数占商业中心职能单位总数的百分比这一指标，用 6 个指标对广州市 30 个商业中心类型及等级体系进行聚类分析。仵宗卿等（2001）将北京市划分为 620 个地域单元格，模拟商业地域，建立每一单元格所在地域的总商业活动从业人数（总的服务规模）、商业活动类型数量（活动类型的范围经济规模）、低级商品服务从业人数和高级商品服务从业人数、百货店从业人数等 5 项指标，通过层次聚类法（hierarchical clustering），确定各地域单元格的商业服务等级；然后，结合大型百货商店集聚程度和地域单元格的商业服务等级，确定最可能是北京市商业中心的地域单元的区位和等级。李欣延等（2005）研究了 DBSCAN 空间聚类算法，并应用 GIS 二次开发组件 MapObjects 予以实现，对某城市中小学和商业网点等公共设施的分布进行了聚类分析，其中将商业网点聚类成市级商业中心和区域商业中心。罗晓光等（2011）以超市店铺之间的直线距离为参数进行系统聚类分析，采用欧几里得平方距离和平均聚类法，利用 PASW 软件进行分类。

2.3.2 中心地理论研究

中心地理论是德国经济地理学家克里斯·泰勒（1933）提出的城市区位论，其为商业空间结构的研究提供了理论基础。此后，德国经济学家廖什（1940）对此进行了补充和修正，提出单一职能个体的市场区域是圆形市场区域，而全体的市场区域则为蜂窝状的正六边形结构，廖什在此基础上建立了生产区位经济景观模型。模型认为不同层次中心地存在互补性，同一层次中心地功能未必相同。该模型是一种非层次性的空间体系。

由于中心地理论建立在理想的假设条件下，与现实差距较大，学者们不断对其进行修正，用以解释真实世界。贝里（B. J. L. Berry）将中心地理论用于解释和检验美国城市，他通过对芝加哥城市的 63 个非计划性中心地的 10 个属性变量进行研究发现，中心地等级由向特定市场地域供给特定类型商品或服务的特定级别的中心构成。此后，卡罗尔（H. Carol，1960）采用定量的方法，划分出了苏黎世的三级商业中心体系；加纳（Garner，1966）、司考特（Scott，1960）、贝里（B. J. L. Berry，1962）和加里森（W. L. Garrison，1958）等分别以实证研究的方法对中心地理论进行了应用和检验。怀特（R. W. White，1977）通过研究证明了固定支出和规模边际效益的提高，会引起中心地数量的减少；城市商贸金融业的发展，大大减小了商业活动设施空间障碍，导致出现城市 CBD 形态。

20 世纪 80 年代初，杨吾扬（1994）把中心地理论引入商业空间结构研究，以北京为例，把城市商业网点分为三级序列，成功地对中心地理论进行了试验性研究。高松凡（1989）论述了北京城市场地历史发展变迁，从历史地理学视角，运用中心地理论分析了自元大都以来历代北京城市场地空间结构特点、演变过程及影响因素。随后我国学者应用中心地理论对中国城市商业区进行了诸多研究，涉及上海、广州、兰州、成都等城市，研究模型不断完善，研究方法不断创新，在商业空间结构研究方面取得不少研究成果。

2.3.3 商业区位研究

区位论是经济地理学和空间经济学共同的理论基础，也是商业布局必须遵循的原理。国内外对商业区位的研究经历了从宏观的商业地理学、城市商业地域结构研究，到中观的商业网点布局与商业网点等级体系的研究，再到微观的大型购物中心、百货店、零售店、便利店等不同类型的业态区位选择的研究（方远平，2007）。

1. 商业区位研究

宏观层面：商业区位研究始终强调区位对各方参与者的重要性以及决定区位的经济基础，因此商业布局注重选择人口密度高和经济增长较快的地区。对大城市或区域的宏观商业问题，可考虑一般区位论原则进行综合分析。对城市商业布局与商业中心选择，多运用中心地模式与城市地域结构合理分区模式分析（管驰明等，2003）。如：陆大壮（1990）从城市的宏观尺度分析了中国商业中心城市及其辐射的经济区域；杨吾扬等（1987）系统论述了商业地理学的发展及其研究对象、性质及与相邻学科的关系，以及商业服务业空间布局模式等重要理论内容，构建了较为完整的商业地理学理论体系，推动了我国宏观商业地理学的发展。

中观层面：主要包括商业网点空间结构研究、商业区位和商业活动空间结构研究。J. A. Dawson（1980）提出了“零售业区位选择的制度框架”，将深受外界条件影响下的组织形式（organizational form）、活动技术（activity technique）、商品（commodity）、政策（government policy）和区位（location）间的互动一起纳入城市商业空间结构的研究。格叙（Ghosh）和克拉伊格（Graig）（1984）提出区位分配模型，它分析了现在以及将来的竞争环境下区位分布的合理性。当对整个商业网络进行分析时，就要全面考虑区位之间的竞争共存关系，这就需要采取商业区位分配方法。刘胤汉等（1995）运用中心地理论和系统论等原理，对西安市城市商业网点的合理结构与优化布局进行了较全面深入的研究。罗彦等（2005）阐述了城市商业空间优化的相关理论，包括商业空间优化的必要性与意义，接着描述了目前商业空间结构存在的普遍问题，并指出优化的四个主要目标，即视觉优先、经济优先、生态优先和社会优先，最后指出商业空间结构优化的主要方面和具体手段。仵宗卿等（1999，2000）通过重构 Parato 公式，建立了“均衡度”和“结构容量”商业活动单位规划等级分布双向指数，运用 GIS 技术和因子分析等综合技术方法，全面研究了北京市商业活动空间结构、时空结构、地域类型结构和商业中心区位演化等问题。

微观层面：国内外学者引入了时空结构和消费者行为等新研究视角，并运用 GIS 技术手段和数量模型等新方法与技术手段对城市商业业态组合及商业功能区，以及微观层面的商业功能区与零售业百货商店区位、便利店及连锁店区位等微观角度进行了研究。如：林耿等（2003）基于消费者和经营者问卷调查，对广州市商业业态空间结构特征、形成机制和商业业态空间效益、演化趋势等进行了全面系统的研究，进一步发展了商业区位研究。翟森竞等（2006）基于 BP 神经网络构建了大型超市选址分析模型。陈蔚等（2012）借助多主体系统，以北京市生活服务业为例，通过对 1999—2004 年的人口、超市等历史数据的分析，在多主体系统理论的支持下，以居民和超市为主体构建了超市布局微观模拟模型。王航等（2012）针对当前商业网点选址问题，在采用 GIS 空间分析得到粗略范围的基础上，构建了一个基于 K-medoids 聚类的粒子对算法模型；通过 ArcObjects 二次开发，将其应用于商业网点选址中的准确选址。

近年来，城市商业受信息化和全球化的影响，也出现了一些新的特征，其研究也出现了一些新的领域。例如，信息网络技术对传统商业区位的影响，陈秀山等（2008）研究表明，信息通信技术带来新的外部竞争和收益驱动，导致了商业服务企业的分化重组，新产生的商业服务企业将在信息技术的影响下进行区位选址，并形成新的空间布局形式。再如，轨道交通对城市商业区位影响研究，李文倩（2008）研究探析轨道交通建设对北京商业空间布局的影响机理和演化过程，说明轨道交通的建设会带来新商业区的兴起、传统商业区或中心商务区的功能强化、枢纽站点附近的商业区地位提升、轨道交通辐射范围外的区域商业功能弱化等变化。此外，还有商业微观区位理论的研究（蒋海兵，2005）、外资零售业区位选择的研究（马新华，2006）等。

2. 商业区位影响因素研究

商业区位影响因素研究从宏观角度逐渐发展到微观角度，研究微观区位具体影响因素成为目前学术界的一个热点。传统的商业地理研究认为，决定零售商业区位的因素主要有三个方面：市场、空间接近性（距离、交通）、竞争（Rushton，1972；张文忠，2000）。从影响商业环境的零售业微观区位的研究角度出发，得出的结果略有不同。Dawson（1980）认为政府行为是最能决定零售区位的因素。孙鹏等（2002）总结了西方社区环境中的零售业微观区位规律，认为影响商业区或商场区位布局的基本要素包括操作的便利性、区位的安全性等。

近十几年来，我国对商业区位影响因素的研究主要集中在对影响一个城市商业中心空间布局和历史变迁的因素的研究。其中人口、区位、交通是最基本的因素，此外，还有学者认为城市格局、城市规模、政治因素、国家政策、商业发展、技术和消费者行为、价格、行政管理体制都在不同程度上影响了城市商业中心的布局和变迁。如：王希来（2002）分析了北京市商业网点的整体布局，认为决定其构成的因素是城市职能、交通网络体系和人文因素。刘继生、张文忠（1992）认为影响长春市集贸市场的因素是人口分布、家庭经济收入、购物距离、交通可达性等。朱枫等（2003）认为影响浦东新区商业空间布局的两个主要因素是人口分布和道路网分布。

2.3.4 商圈研究

从20世纪50年代末开始，国外学者逐渐认识到空间学派将人地关系物化并不太切合实际，消费者行为对商业空间结构有着重要影响。商业是由消费者的购买行为和商业企业的经营能力所决定的，而商圈是商业吸引顾客的空间范围，也就是消费者到商业场所进行消费活动的时间距离和空间距离。日本学者石井铁卫认为："所谓商圈，就是现代市场中，企业市场活动的空间范围，并且是一种直接或间接地与消费者空间范围相重叠的空间范围。"西方学者在界定商圈的基础上，提出各种测算商圈的法则。比较著名的研究模型有Reilly引力模型（Reilly，1931）、Converse断裂点模型（Converse，1949）、Huff概率模型（Huff，1964）、Rushton行为空间模型（Rushton，1969）、Wilson购物模型（Wilson，1970）等，此外，近年来，学者不断完善和探索更加精确、简易的商圈测算方法，如Morton E. O'Kelly根据选择性数据建立了商圈中立模型，该方法可以有效利用个体数据，并且依照距离衰减率和新引力参数进行推断，解决了研究区域只有商场、样本较少的问题。

近年来，国内学者对商圈的研究也较热，主要偏向介绍西方学者的商圈理论模型，或运用西方学者的商圈理论及模型对我国不同城市商圈进行实证研究。杨丽君等（2003）介绍了零售业商圈分析的基本过程及相应分析方法，并利用GIS技术，构建了市场饱和度分析、商圈划分和需求估计三个商业应用分析模型，实现了对商圈的定量及可视化分析。张宇等（2007）分析了传统的Huff概率模型存在的问题，并从反映零售业竞争关系的角度对其进行改进，制定出更为符合实际情况的商圈测定方法。蒋海兵等（2010）以上海中心城区大卖场为例，采用同心圆法、扇形法与最近邻域法探讨卖场空间特征；利用行进成本分析法计算卖场可达性，并根据伽萨法则叠加了卖场引力因素，得到伽萨法则商圈。

2.3.5 消费者行为研究

贝里（B. J. L. Berry，1958）提出“第三产业活动理论”，并基于现实环境的不均匀性，在消费者行为、可达性、城市土地价格三个基本影响因素上重建中心地理论：最高级中心并非均匀分布的，距离已经不是衡量市场区域大小的不变尺寸，消费者对商品需求程度、购买能力和出行能力将起决定性作用，同一规模的中心地也可能出现功能上的差异。自此，国外地理学界开始注重需求因素如消费偏好、出行方式、消费能力等对城市商业空间结构的影响，使城市商业空间结构在中心地理论研究方式的基础上，通过商业业态的供结与需求相结合，形成了新的理论和研究方法。鲍特（1982）提出空间利用场、信息场和信息汇总量等概念，从消费者的地理知识、社会性经济地位和家庭组织状况等角度对消费者行为进行了描述与总结，将商业设施配置与消费者行为及商圈结合起来，显示出极大的有效性。国外对消费者行为的研究可以分为两方面：一方面是消费行为特征和影响因素的研究，如 Turley 等（2000）研究了商业环境基础设施对居民购买行为的影响，认为创造影响力气氛的做法是一种重要的营销策略；Talukdar 等（2010）综合考虑了消费者属性特征、市场属性特征、零售商属性特征与消费者极端购物行为之间的关系，并对居民购物行为决策提出了一些建议。另一方面是居民消费行为模型研究，如 Davies（1972）提出了“购物中心层次性系统发展模型”，将消费者行为及其社会经济属性纳入购物中心的层次结构的形成和变化中；Arentze 等（2005）结合结构属性与商店的距离，提出了多代理人系统的消费者行为模型，其中包括购物目的地的开放时间。

20 世纪 90 年代中期，我国学者开始关注居民购物行为。柴彦威、仵宗卿（2001）等对大连、深圳、天津等城市居民购物活动的时空结构特征进行了研究，首次总结出中国城市居民购物出行的空间圈层结构，创建并解释了划分一般购物出行空间等级结构的方法体系，并在市场细分的基础上，总结出不同收入阶层的购物出行空间等级结构特点。王德（2004）对上海市消费者出行特征与商业空间结构及南京东路商业街的消费行为进行了综合分析。焦华富（2013）、韩会然等（2013）利用2011年芜湖市居民购物行为调查问卷数据，通过构建居民购物出行的嵌套Logit模型，从购物出行模式决策、购物初始时间决策、购物目的地决策、购物出行交通方式决策等四个层面对芜湖市居民购物行为的决策过程及影响因素进行了探讨，并分析了芜湖市居民购物行为的时空特征。

2.3.6 小结

从地理角度而言，国内外对城市商业空间的研究从研究对象上，大致可分为商业区位研究、商圈研究和消费者行为研究三个方面。总体而言，国外城市商业空间研究起步较早，更加注重理论层面的研究及新技术的应用，偏重于定量研究和模型的构建，逐渐形成了完整的理论和方法体系。相对而言，国内研究基础相对薄弱、滞后，多为借鉴国外理论进行的实证研究。

目前，商业空间的理论、模型以及实证研究，尤其是商业区位的中观研究中商业空间结构的研究以及商业区位影响因素的研究，为本书的商业空间现状的研究提供了大量的理论和方法基础。

2.4 城市商业环境研究进展

2.4.1 商业环境研究视角

目前，不同学者对商业环境的认识存在着很大的差别，研究的侧重点也不同。从现有的研究成果来看，对商业环境的研究主要从经济领域、建筑领域、环境领域和地理领域四个角度进行。

从经济领域研究商业环境主要立足于全球或国家等宏观角度，研究的侧重点集中在经济环境评估、国家政策制定、寻找国际商业机会、企业管理方式等方面，多指商业的投资环境。如：曹利军（2008）分析了在现代商业环境下企业管理需要采用的新思维。朱爱云（2007）分析了在全球化商业和高新技术改革背景下，以价值链分析、竞争对手分析、作业成本法、平衡计分卡等技术方法为支撑的战略管理会计的战略规划、控制与评价功能。

建筑领域的研究则注重商业内部空间功能、规模以及商业环境内部的设计（色彩、照明、灯光设置等）等微观研究角度。如：施俊（2007）从商业建筑、商品陈列及商业区道路流通设计、公共设施的实际运用方面来阐述如何有计划、有目的地运用多种商业环境设计创造富有特色的商业购物空间气氛。何雪钰（2010）从人与商业地下空间环境角度出发，以人对地下空间使用的生理层次、行为心理层次与文化情感层次为基础，调查了武汉市地下商业环境，探讨如何通过具体的建筑设计来满足人们处于地下时的心理与行为需求。董杰（2011）通过分析商业环境中的微观景观设计，分析和探讨了商业环境与消费者商业行为之间的密切联系。赵冬梅等（2005）提出重视商业区的“男性公共空间”，并针对我国目前的大型商场具体情况提出了可行性建议。

环境领域则侧重对商业室内或区域内环境质量或商业对城市环境影响的研究。如：赵利容等（2005）通过在广州市北京路和下九路及周围交通街道模拟行人行走方式的采样和分析，发现在广州市商业步行街及其周围交通街道空气中，除了含有有毒有害的挥发性有机物、PM10 和 CO 等，芳香烃类等化合物的浓度水平也普遍较高，特别是苯和甲苯；而且，商业区周围交通街道上的机动车尾气排放对商业步行街的环境空气质量也有影响。鄢超等（2012）通过宽范围颗粒物分光计（WPS）对济南典型商业室内环境（超市和办公室）的颗粒物浓度进行了研究。王连龙（2012）对 2001—2010 年秦皇岛市商业行业碳排放量进行了分析，结果显示秦皇岛商业行业碳排放总量和排放强度均呈现增加趋势；他还通过剖析城市商业低碳化的主要因素，对秦皇岛市商业低碳化发展提出了相关建议。

2.4.2 基于地理视角对商业环境的研究

目前基于地理视角对商业环境的研究还较少，对商业环境还没有一个明确的定义，且侧重点不同。Beery（1988）从商业环境的角度研究了零售空间结构和中心地的等级规模，认为零售空间结构与商业环境不同，不同收入地区的零售空间结构也不同，特别是对居住环境和中心地的关系进行了分析。K. Jones（1990，1993）从收入水平、消费者需求、人口和家庭构成、居住状况、空间接近性等商业环境的主要构成因素的变化，研究了大都市零售空间结构的变化；认为居住的郊区化将会促进商业向城市周边发展，而空间流动范围的扩大会带来特定区域内商业规模的扩大。日本学者山下勇吉（1994）从商业地价、交通、购买力、商圈战略、休闲和娱乐空间等角度研究了商业空间对商业企业区位决策的作用。国外对于商业环境的研究，多从商业企业区位决策的角度进行，而从商业环境建设和规划的视角进行的则较少。

国内学者对商业环境研究的侧重也不同。张艳等（2008）基于北京市内 7 个社区周边商业环境的实地调查数据，比较分析了城市社区周边商业环境的现状特征，将城市社区周边商业环境划分为 2 个尺度与 3 种类型，并采用层次分析法对城市社区周边商业环境进行了定量评价。林耿等（2005）选取广州市商业业态空间中具有代表性的商业区，通过对其目标路段的对比分析，揭示各种要素在特色商业区支撑系统中的作用，指出商业区的交通体系、配套条件以及逐渐形成的商业文化风格对特定业态形成了一种接纳或排斥的环境，直接影响其经营效益。张文忠等（2006）基于消费者属性和商业环境的双重视角，构建计量经济模型，分析了居民消费区位偏好和区位决策行为；研究提出，针对不同消费者要开发和建设不同类别的商业区，以满足不同层次居民的消费需求；另外，他还提出，良好的商业区位、高质量的服务水平、舒适的休息场所、完备的配套设施、充足的停车场设施等是商业区环境建设的重点内容。陈玉慧等（2009）采用普查和问卷调查的方法，以厦门市传统商业中心区为例，剖析了传统商业中心普遍存在的问题，指出传统商业中心环境容量不足、质量差，该环境主要就是指购物环境。李炅之等（2010）总结了新加坡邻里中心在苏州本地化过程中的成功经验，并以苏州工业园区邻里中心为例，通过实地考察和调研，从社区商业的区位、业态组合等方面进行分析，提出了对国内社区商业模式选择的相应建议。

2.4.3 小结

城市商业空间环境的研究尺度和领域对比如图 2-3 所示。

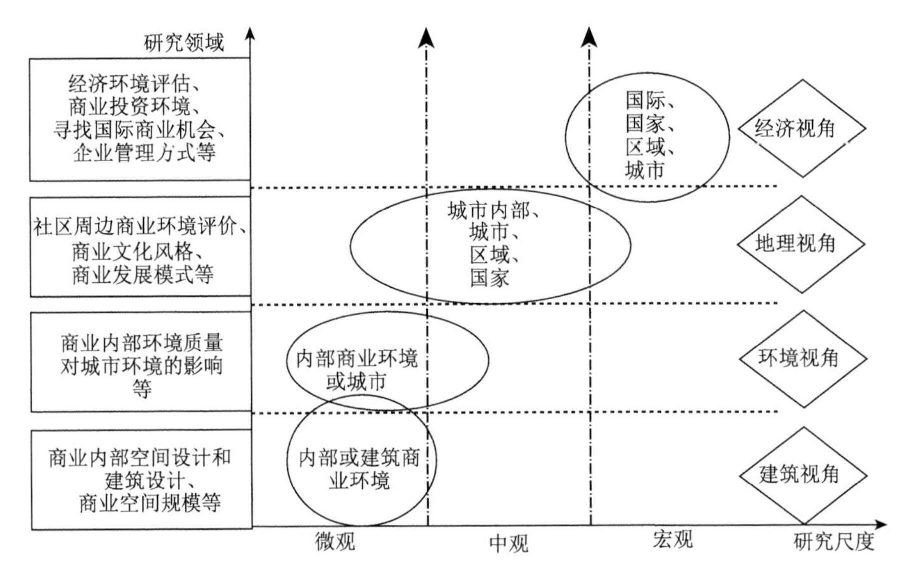

图 2-3 城市商业空间环境的研究尺度和领域对比

目前，国内外关于商业环境评价的文献还较少，而且，从以上的分析可以看出，商业环境的研究视角差别很大。仅从地理角度来看，其对商业环境也没有统一的定义，对商业环境的研究有些重视商业的购物环境的构建，有些重视商业经营效益的提升。目前几乎没有从城市发展的角度对商业环境进行评价的内容，更没有商业环境品质、环境负荷以及经济和社会效益的综合评价，进而无法为城市管理者和规划师对政策制定和政策效果的预估提供有力的理论支持。因此，未来还需要进一步加强从地理学角度出发对商业空间环境性能的评价研究。

2.5 研究进展总体评述与展望

环境性能是包含城市活动（空间效率）、环境品质和环境负荷等多方面的综合评价，是一项测度城市可持续发展水平的指标和调控城市空间的政策工具。通过阅读国内外文献发现，建筑界对环境性能的研究已经比较成熟，但对环境性能的定义还没有明晰的界定，如有些国家的建筑环境性能评价体系侧重环境质量评价（LEED）、有些国家侧重环境影响评价（BREEAM）、有些国家侧重环境效率评价（CASBEE）。因此，未来对环境性能的研究需要对其有一个明确的界定。

环境性能的评价尺度主要集中于微观的建筑单体，宏观的尺度主要集中于对区域或城市整体生态环境质量的测评。而基于城市内部地域空间单元的中观尺度的评价较少，并且多集中在建筑群。对城市功能区的环境性能评价仅见于居住小区，且未考虑不同功能区的匹配。但这一尺度上的环境性能评价，恰好能够对城市地域内各种因素的环境影响统筹考虑，也能够反映城市地区之间环境性能的各项差异及相互影响，为相关部门的城市规划和管理，以及对地区实行行之有效的空间管制政策提供有效的参考。因此，未来对城市不同功能空间环境性能的评测研究将是一个重要的课题。

城市中主要的功能区有居住、工业和商业区等，合理调控和布置这些功能区对发展低碳城市和紧凑城市，实现城市的可持续发展尤为重要。其中，商业区承担了商业服务和居民消费等碳排放量较大的城市功能，且商业空间的消费会产生大量地面交通，因而有必要对城市商业区进行环境评测，进而对其进行优化调控，保障城市的良性循环。目前学者对城市商业空间结构的研究多集中为中心地理论的验证和完善、商业网点布局与商业网点等级体系的研究、不同类型的业态区位选择研究、商圈测定的研究以及近年来从消费者角度出发的消费者行为研究。其中，商业空间多从人口、交通、公共设施以及商店职能等方面出发对规模密度、布局和形态等方面进行优化。同时，商业环境的研究多重视商业的购物环境的构建和商业经营效益的提升。目前还没看到有研究从环境性能的角度，多方面考虑经济、社会和环境等的协调发展。所以，从环境性能的角度对城市商业区内部进行调控、对城市商业空间结构进行优化，是未来研究的重要方向。

3　北京市商业空间格局及商业区的识别、分类

3.1　北京市商业空间格局发展

3.1.1　北京市商业空间格局发展历史

城市是进行交换的地方，城市的发展是交换发展的一个标志。周朝，北京地区出现城市，周初分“燕”和“蓟”，已经具有初期城市的功能形态。伴随着世代更迭、城市发展，汉朝时“燕蓟之饶”在当时是人所共知的，公孙瓒自夸道：“兵法，百楼不攻。今吾诸营楼橹数十重，积谷三百万斛，食尽此谷，足以待天下之事矣。”（《后汉书》）此后，中国经历了近400年的动乱，随着隋朝和唐朝的建立，北京市（唐幽州，即今西城区西部位置，也就是辽燕京、金中都所在位置）商业初具规模，这与漕运及海运的开通密切相关。辽朝和金朝时，北京已经是北方地区重要的商业中心（齐大芝，2011）。

到了元朝，北京（大都城）成为全国的政治中心，也成为全国乃至东方的商贸中心。大都城建于1267年，其总平面根据《周礼·考工记》的原则布局，即：帝都为方形，棋盘道路网，王城居中，左祖（太庙）右社（社稷坛），前朝后市。这一封建城市规划准则，对北京市现代商业中心和网点的布局仍旧影响巨大。帝王宫殿和园林以北，城市南北中轴线以西，有一个大湖（积水潭，包括今前海、后海）同南北大运河连通，是南米北

运、物资交流的停泊港。由此，一个沿湖岸码头靠近当时钟鼓楼的大商服区——斜街市开始形成并繁荣起来，它是元大都城内最繁华的商业区。此外，大都城还有两个次市场，分别是枢密院角市（今东四西南）和羊角市（今西四一带）（杨吾扬，1994）。

明朝北京市商业中心位置发生了变迁，从元大都的鼓楼至积水潭一线迁移到了正阳门内外，这与运河的变迁密切相关，此外，形成了东市、西市、内市等多处繁荣的商业次中心。

清朝北京实行“满汉分城”，逼迫大量汉民迁到外城，即以宣武门、正阳门、崇文门为界的南城城墙以外区域，并且不让旗人从事农工商之类的职业。该政策严重制约了内城商业的发展。但经济发展有其规律性，商品的供应和商业设施的布设必定与该地区的消费需求相适应，到了康熙、雍正期间，内城商业开始复苏，如鼓楼前斜街、东四牌楼、西四牌楼附近的商铺逐渐集中。而外城的商业更为繁华，其中最繁华的是正阳门大街一带，同时形成了几个各具特色的商业区：以销售百货为主的前门商业区（今前门、大栅栏一带），以生产销售绢花为主的花市（今崇文门外），以经营文房四宝、印玺古玩等为特色的商业区琉璃厂（今和平门外）。

清朝后期，形成了以正阳门（前门）大街为中心，包括廊坊头条、二条、三条和大栅栏、东河沿、西河沿、琉璃厂等在内的前三门商业区。王府井商业区的兴旺就是从清朝后期开始的。

从中华民国到抗战前，北京的商业无疑有了长足的进步，但是如果放眼中国，相较当时被帝国主义打开门户的开埠城市，特别是沿海沿江城市，北京的商业发展相对缓慢。当时北京市商业的繁盛程度是东城优于西城，南城优于北城（章英华，1999）。东四牌楼、西单牌楼、地安门大街仍是商业的主要集聚区，同时西直门内的新街口、东直门内的北新桥、东安门外的王府井大街也是商业的集聚区。国民政府迁都南京后，北京商业面貌的一个显著变化是西单商业区的形成。在抗战和内战时期，市内商业一度衰落。

新中国成立后，北京城市建设异常迅速，城市地域扩展极快，北京商业中心基本呈现三足鼎立的分布格局，即王府井、西单和前门。由此，北京从元朝开始形成斜街市第一代商业中心，经历明、清、中华民国的发展，商业规模越来越大，商业等级越来越完善，其商业中心的历史变迁可总结为表 3-1。

表 3-1　北京市商业中心历史变迁

	形成时间	商业中心	次中心	形成原因
第一代	元朝	钟鼓楼（斜街市）	枢密院角市（今东四西南）、羊角市（今西四一带）	漕泾运输、城市规划
第二代	明朝、清朝	前门（正阳门）	廊坊头条、二条、三条和大栅栏、东河沿、西河沿、琉璃厂、花市等。清代末期王府井开始兴旺	运河变迁、城市规划、政策影响、居民社会地域属性
第三代	中华民国	前门（正阳门）、王府井	东四牌楼、地安门大街、新街口、北新桥等。西单商业区开始兴旺	城市规划、居民社会地域属性、交通、历史文化遗留和淀积
第四代	新中国成立后	前门、王府井、西单	东四、西四、新街口、地安门、东单、花市、菜市口、朝外等	城市规划、历史文化遗留和积淀

资料来源：根据仵宗卿（2001）重新梳理。

自 1965 年开始，第三产业在中国不再受重视，北京零售业和服务业的发展缓慢，持续了 20 年的低潮期。如 1970 年的人均商业单位只及 1949 年的 4.2%；1983 年，北京的工业总产值是 1949 年的 250 倍，但同期社会商业活动的规模仅增加不到 30 倍（陈颖彪，2003）。

1978 年始，北京市商业网点建设重新得到重视。1980 年，北京市商业服务体制改革，允许和鼓励集体和个人开设商业网点，同时，政府部门也开始着手研究商业网点的配置。商业网点的等级序列自上而下分成了三级零售和服务业中心地——市级商业区、区级商业中心和居民区级商业点。三个最大的商业区——王府井、前门和西单围绕着天安门广场，构成了全北京城的市中心。

20 世纪 90 年代初，三环路的建成通车，使得紧靠三环路两侧的居住区与日俱增，商业网点随之进一步发展。居民区级别的商业中心不断增多并有些跃升为区级商业中心，主要包括海淀大街、北太平庄、永定路等。区级商业中心主要商业业态有文化用品店、照相器材店、服装店、副食商场等。此外，西直门、广安门、甘家口、木樨园、右安门、新源街、德外关厢、五道口等地商业规模也逐渐增大。20世纪90年代后期，随着城市的发展、建设，以及居民消费结构和消费方式的转变，三大市级商业中心纷纷开始进行改造，包括市政管线、设施、园林绿化等现代硬件条件的改造，以及明清景观、老北京特色装饰等古代文化设施的打造（张景秋，2007）。

从北京商业中心的历史发展来看，影响商业中心兴衰的主要原因包括历史文化的遗留和积淀、居民社会地域属性、城市主要交通运输条件以及城市规划建设等方面（仵宗卿，2000）。

3.1.2 北京市商业空间政策规划梳理

1. 城市总体规划

新中国成立后，北京实施了多轮城市总体规划。1954年《改建扩建北京市规划草案要点》中指出：北京市行政中心设在旧城中心部位，四郊开辟大工业区和大农业基地，西北郊定为文教区，居住区采取9~15公顷、以四五层住宅为主的大街坊作为基本单位。1957年在1954年《改建扩建北京市规划草案要点》的基础上对北京城市建设总体规划进行全面、深入的研究与编制工作，于1957年拟定了《北京城市建设总体规划初步方案》，建议对北京市商业服务业采取集中与分散相结合、均匀分布的原则。1982年的北京城市总体规划重申了坚持“分散集团式”布局原则，根据变化了的情况，调整市区布局结构。

1993年发布的《北京城市总体规划（1991—2010年）》中提出发展适合首都特点的经济，调整产业结构和布局，大力发展高新技术和第三产业。其中对北京城市商业中心的规划思想是：规划建设8个市级商业中心——王府井、西单、前门外、朝阳门外、公主坟、海淀、木樨园和马甸，以及4座大型购物中心——大钟寺、新发地、花家地和潘家园。

2004年发布的《北京城市总体规划（2004—2020年）》，针对商业的规划指出：完善由旧城商业区、中心城商业区和外围商业区组成的商业体系，丰富商业区的内容，发展多种商业业态，实现多元化协调发展的格局。旧城内进一步完善王府井、西单和前门商业区，将其发展成为现代商贸和传统商贸有机结合的商贸文化旅游区。中心城区的其他部分地区依托交通枢纽和边缘集团的发展，逐步建成木樨园、公主坟、望京、北苑、石景山等规模适当、布局合理的综合商业区。新城重点在顺义、通州、亦庄等地建成具有一定规模的综合商业区。在中心城外围根据市场需求，在有用地条件且交通方便的地区，建设若干建材、汽车、农产品等大型专业商贸中心。

2. 商业发展专项规划

（1）《北京市“十五”时期商业服务业发展规划》中提出，形成整体适当分散、局部相对集中、布局合理的商业网络结构。王府井、西单、前门—大栅栏三个传统商业中心，塑造现代化一流商业街区的整体形象。商务中心区的建国门外大街、朝阳门外大街等商业中心，逐步形成与具有国际水平的高档商务中心区功能相协调的高标准、现代化商业体系。中关村科技园区要大力发展适应现代科技发展需要的国际一流水准商业，塑造最新商业形象。

调整提高三环四环路周边市级、地区级商业中心的布局和水平。公主坟、木樨园、马甸等市级商业中心，主要为周边的居民及部分流动人口服务。三环路和四环路周边地区级商业中心，如酒仙桥、丰台镇、卢沟桥、望京、丰台桥南、西三旗、五路居、六里屯、南八里庄、五道口等，要与周边住宅的开发建设同步发展，近期不能开发建设的要保留商业规划用地。调整提高四环路周边各类专业市场和批发市场的布局和水平。要逐步解决现有专业市场和批发市场“小、散、乱”的问题，逐步达到合理布局、规范管理、完善功能、提高水平的目的。

在一环以外发展大型多功能购物中心和现代化商业物流配送区。根据市场需求和实际条件，结合城市边缘集团建设，可依次在城市西北、东南、东北和西南方规划建设4个风格各异的大型多功能购物中心。

距离市级、地区级商业中心1公里以外的居民区，原则上居住人口为1万~3万的应有一个综合性的社区商业中心，营业面积总规模一般应为5000~15000平方米。此外，到2010年要基本形成10条左右具有鲜明经营特色和较大影响的特色商业街（区）。

（2）《北京市“十一五”时期商业服务业发展规划》提出，北京市商业空间结构的优化调整思路为：优化核心、延伸两轴、发展新城、强化特色。

优化核心：以存量结构调整升级为主，重点突出王府井、西单、前门—大栅栏三个著名商业街区的服务功能，提升核心区商业的吸引力、辐射力。

延伸两轴：在两轴延长线建设大型多功能商业设施，形成各具特色的商业集群。东西轴线上，东端重点发展新型商业，西端发展现代时尚生活商业。南北轴线上，北端奥运村地区以体育休闲为主题，发展会展、商务及个性化生活服务组团型商业设施，南端重点发展专业市场和特色民俗民风商业。

发展新城：根据新城功能定位，建立体系完整、功能完备的新城商业。

强化特色：加快发展中关村科技园区、北京商务中心区和奥林匹克公园等三个产业功能区主题商业。在城市新兴繁华区、大型居住区、新城中心区开发建设一批凸显北京传统特色、民俗风情的特色街区。建设具有我国少数民族地区和其他国家民族生活习俗、宗教、文化特点的专题购物、餐饮、娱乐街区，适应北京建设国际化大都市的要求。

专业市场要遵循“控制规模、调整布局、优化结构、整体提升”的指导思想，对中心城地区内的市场逐步进行调整升级和外迁。

（3）《北京市“十二五”时期商业服务业发展规划》围绕“三大标志”“六类中心”和宜居型“社区商业”，突出重点，立体架构商业布局，优化商业布局体系。

三大标志：进一步提升王府井、西单、前门—大栅栏商业区，突出品质、强化特色、集聚品牌、引领城市生活方式，打造北京特色鲜明、宜购、宜乐、宜游的国际化、现代化标志性商业中心。

六类中心：区域性商业中心（以北苑、望京、青年路、朝外、崇文门、公主坟等商业集聚区及新城中心商业区等为重点）、城市商务区商业中心（加快推动北京 CBD、金融街、通州国际新城、朝阳东坝等商务区商业中心建设）、发展城市文化体验型特色商业区（形成大栅栏—琉璃厂—天桥、什刹海—烟袋斜街、南锣鼓巷—五道营三大城市文化体验商业区）、发展休闲商业中心（形成一批以中关村国际商城、房山长阳休闲商业区、西红门休闲商业区等为代表的休闲商业中心）、发展生活方式中心和交易中心。

此外，该规划还强调建设宜居型社区商业，完善社区商业配套设施。

3.2　北京市商业网点空间分布现状特征

城市不断扩展，城市功能不断延伸，商业空间布局也随着城市的发展不断变化。近年来，北京城市建设飞速发展，北京市商业空间格局也随着城市空间结构和交通体系的变化，表现出了新的特征和趋势，改变了新中国成立以来长期未能打破的市级大型商业区只集中在王府井、西单、前门三处的传统格局（仵宗卿，2001）。如果说旧时的北京是一幅水墨画卷，那现今的北京就是时尚的广告彩报。

商业网点是城市商业空间结构最基本的实体单元，它在空间上的布局和组合结构，决定着商业区类型和商业空间结构。因此本节首先分析商业网点的空间分布现状。

3.2.1　空间数据获取

我国商业地理学发展相对缓慢的一个主要原因就是数据难以获取，缺乏相应的统计口径。许多商业数据在一定程度上属于商业机密，不属于信息公开范围。全国范围的经济普查从 2004 年开始，四年一次，实时性很差，且没有空间数据。而城市尺度的商业空间研究，需要大量的、系统的商业数据。因此，囿于数据，以往的城市商业空间研究多停留在定性研究或是行政区或街道尺度的宏观研究上，如：张文忠等（2005）分析了北京市宏观尺度上商业布局的新特征和趋势；张素丽等（2001）在区县尺度分析了北京市零售市场的发展趋势；薛领等（2005）运用空间相互作用模型，测算了海淀区各个街道的人口潜能与商业吸引力。此外，还有些学者通过大批量的实地调查走访，获得一手商业数据进行研究，如：马晓龙（2007）实地调查采访得到的第一手数据资料，从营业面积大于1万平方米的大型零售商业企业的空间分布入手，对西安市商业空间结构和市场格局进行了定性和定量分析；叶强等（2013）基于长沙市商业网点规划和实地调查数据，应用GIS分析方法，对发展现状与商业网点规划进行比较研究。一手调研数据保证了数据的可信度，但工作量太大，从而限制了数据的覆盖性，如只调查某一区域范围内的商业或某一规模以上的商业。

随着互联网的发展，导航电子地图迅速发展，如今市面上的电子地图和导航地图都有自己的信息点，其信息点的多少、准确程度、更新速度，都会影响该地图或导航的使用情况。信息点（Point of Information，POI），又译为“兴趣点”，泛指一切可以被抽象为点的地理实体，它描述了实体的空间和属性信息，如实体的名称、类别、坐标等。信息点能在很大程度上增强对实体位置的描述能力，提高地理定位的精度和速度。

近年来一些学者开始尝试利用信息点数据进行城市空间的研究。如：赵卫锋等（2011）依据显著度的差异从城市信息点数据中提出分层地标，获得能够用于智能化路径引导的层次性知识空间。Long Y. 等（2012）根据POI数据和公交刷卡记录构建了城市功能区识别模型。

本书根据百度2012年POI数据，经过纠偏和地址匹配，按照本书对商业区的定义，选取商业区内零售业及餐饮业，根据我国现在实施的业态分类标准《零售业态分类》（GB/T18106-2010），将相似类型进行合并划分，最终确定13类商业空间，在北京市范围内共95466条商业网点信息，具体包括大型商场、便利店、超市、各类专卖店、特色商业街、特殊买卖场所、体育用品店、服装鞋帽皮具店、化妆品店、花鸟鱼虫市场、家电电子市场、家居建材市场、各类餐饮店（各种业态类型商业空间的数量和比例见表 3-2），并通过抽样调查、电话询问、实地走访等方法确定数据真实可用；然后根据 POI 数据的经纬度属性对商业空间数据进行空间匹配，得到北京市零售商业网点分布图①。

表 3-2 北京市各类商业网点数量及比例

类型	数量（个）	比例（%）	类型	数量（个）	比例（%）
花鸟鱼虫市场	87	0.09	家电电子市场	3044	3.19
特色商业街	118	0.12	超市	3867	4.05
特殊买卖场所	419	0.44	服装鞋帽皮具店	7819	8.19
化妆品店	569	0.60	便利店	8116	8.50
大型商场	1064	1.11	家居建材市场	10259	10.75
体育用品店	1463	1.53	各类专卖店	21039	22.04
正餐厅	29103	30.49	休闲餐饮场所	2954	3.09
快餐厅	3621	3.79	饮食外卖店	1924	2.02

3.2.2 商业网点空间格局研究方法

1. 核密度分析

核密度（Kernel）分析法是空间分析中运用广泛的非参数估计方法，用于计算要素在各点周围邻域中的密度。该方法以特定要素点的位置为中心，将该点的属性分布在指定阈值范围内（半径为 r 的圆），在中心位置处密度最大，随距离衰减，到极限距离处密度为 0。通过对区域内每个要素点依照同样的方法进行计算，并对相同位置处的密度进行叠加，得到一个平滑的点要素密度平面。表达式为：

$$f_n(x) = \frac{1}{nh}\sum_{i=1}^{n} k\left(\frac{x - x_i}{h}\right) \tag{3-1}$$

① 王芳，高晓路，许泽宁．基于街区尺度的城市商业区识别与分类及其空间分布格式——以北京为例［J］．地理研究，2015，34（6）：1125-1134.

式（3-1）中，$k(\cdot)$ 为核函数；h 为邻域半径；n 为点状地物个数；$x-x_i$ 为估计点 x 到样本 x_i 处的距离。为了能够准确反映商业点的分布特征而又不至于过于细节化，经过反复试验，选取 2.5 千米为邻域半径。

2. Ripley's K（r）函数分析

Ripley's K（r）函数是点密度距离函数，该函数假设在区域点状地物空间均匀分布且空间密度为 λ 的情况下，距离 d 内的希望样点平均数为 $\lambda\pi d^2$，点状地物平均数和区域内样本点密度比值为 πd^2。用 Ripley's K（r）函数表示现实情况下距离 d 内的样本点平均数和区域内样本点密度的比值，计算公式为：

$$K(d) = A\sum_{i=1}^{n}\sum_{j=1}^{n}\frac{w_{ij}(d)}{n^2} \tag{3-2}$$

式（3-2）中，n 为点状地物个数；$w_{ij}(d)$ 为在距离 d 范围内的点 i 与点 j 之间的距离；A 为研究区面积。通过比较这些样本点平均数和区域内样本点密度比值的实测值与理论值，用 Ripley's K（r）函数判断实际观测点空间格局是集聚、发散还是随机分布。

Besag（1977）对 K（r）进行了改进，提出了 L（r）函数，$L(d) = \sqrt{\frac{K(d)}{\pi}} - d$。若 $L(d)$ 小于随机分布的期望值，即小于 0，则认为样本点有均匀分布的趋势；若 $L(d)$ 大于期望值，即大于 0，则样本点有聚集分布的趋势；若等于期望值，即等于 0，则为随机分布。

3. 最邻近距离分析

最邻近距离分析是通过比较计算最近邻的点的平均距离与随机分布模式中最邻近的点的平均距离，用其比值（NNI）判断其对随机分布的偏离程度。

$$NNI = \frac{d(NN)}{d(ran)} = \frac{\sum_{i=1}^{n}\frac{\min(d_{ij})}{n}}{d(ran)} \tag{3-3}$$

式（3-3）中，NNI 为最邻近距离系数，n 为样本点数目，d_{ij} 为点 i 到

点 j 的距离，$\min(d_{ij})$ 为点 i 到最邻近点的距离；$d(ran)$ 为空间随机分布条件下的平均距离，其取值一般为：$d(ran) = 0.5\sqrt{A/n}$，A 为研究区面积。

为了检验计算结果的统计显著性，可采用 Z 检验：若 ANN Score Z 小于-2.58，则在 99%置信度上，该点模式属于集聚模式；若 ANN Score Z 大于 2.58，则在 99%置信度上，该点模式属于均匀模式。

$$Z = \frac{d(NN) - d(ran)}{SE_{d(ran)}} \tag{3-4}$$

$$SE_{d(ran)} = \sqrt{[(4-\pi)A]/(4\pi n^2)} = \frac{0.26136}{\sqrt{n^2/A}} \tag{3-5}$$

3.2.3 北京市商业网点空间分布特点

1. 商业网点空间分布类型分析

商业网点的空间分布类型，直接决定了城市商业市场竞争的规模效益和组织化程度。但商业网点的空间分布类型并不能简单说集聚或是均匀分布就好。集聚的商业分布类型有利于节省投资、提高土地利用率；但商业网点分布过于集聚容易产生集聚不经济的情况，而且过于高密度的商业开发会降低商业环境品质，影响整个城市的环境质量。而过于分散的商业分布类型则会导致商业经营的不经济以及城市土地利用效率的低下。

本书根据商业网点的空间分布，利用 CrimeStat 3.3 软件，通过最邻近距离法，分析点状地物在地理空间中相互邻近程度，从而确定各类商业空间的分布类型。

表 3-3 最邻近距离分析统计结果

	NNI	Z-score		*NNI*	Z-score
服装鞋帽皮具	0.2016	-135.06	化妆品店	0.36841	-28.8758
家居建材市场	0.25353	-144.643	便利店	0.40782	-102.061
各类专卖店	0.26702	-171.366	商场	0.42289	-36.013

续表

	NNI	Z-score		*NNI*	Z-score
体育用品店	0. 27852	-52. 7933	超市	0. 48141	-61. 6943
家电电子市场	0. 32143	-71. 6218	花鸟鱼虫市场	0. 49081	-8. 821
特殊买卖场所	0. 36773	-24. 759	特色商业街	0. 60297	-8. 2507

从表3-3中可以看出，北京市各类商业网点的 *NNI* 值均小于1，且Z-score都小于-2. 58，即空间集聚模式是随机产生的，概率小于1%。因此，北京市各类商业空间都为集聚分布类型。

从 *NNI* 的值来看，各类商业网点空间集聚程度不同，其中：服装鞋帽皮具店 *NNI* 为0. 2016，集聚程度最强；其次为家居建材市场、各类专卖店、体育用品店和家电电子市场等；而特色商业街、花鸟鱼虫市场、超市、商场等分布较为分散。这主要是由商业业态的不同而形成的不同空间分布模式。服装鞋帽皮具类商业空间对集聚经济要求较高，故其集聚程度较高；家居建材市场、各类专卖店等商业类型以满足消费者批量或者专业性消费为主，为方便顾客购买，以及出于集聚经济的目的，一般也集中分布；而特色商业街既包括北京现代商业文明，也包括老北京商业文化的结合，如北京大栅栏、琉璃厂文化街、中关村广场步行街、神舟商务酒店购物街等，与城市商业发展历史、城市规划以及交通情况等密切相关，并且由于商业街本身就是商业店铺集中的区域，因此从北京市整体空间布局来看，集聚程度较弱。

2. 商业网点空间集聚热点分析

王芳等（2015）利用ArcGIS10. 0对北京市各类商业空间进行了核密度（KDE）分析。①

北京市大型商场的集聚区主要以四环内为主，沿长安街形成了一条横轴集聚带，而且西单、王府井、朝外和中关村形成了明显的集聚区；此

① 王芳，高晓路. 北京市商业空间格局及其人口耦合关系研究［J］. 城市规划，2015，39（11）：23-29.

外，在外围的回龙观、通州新华大街附近、良乡、黄村附近、望京等也是商业空间分布集聚中心。各类专卖店、化妆品店、服装鞋帽皮具店、体育用品店和特殊买卖场所的主要集聚区与大型商场的集聚区的区位基本吻合，主要分布在四环内，说明这些类型的专营店还是以依靠大型商场吸引顾客为主。

特色商业街已经是很多商业网点的集聚区，主要零散分布在五环内，如王府井、前门、麦子店（女人街、好运街、酒吧街）等。超市集聚区的分布比较分散，主要集聚在南苑、回龙观、良乡、四季青等地。便利店的集聚区主要分布在四环内，以及通州、良乡等大型居住区。花鸟鱼虫市场商业网点较少，很难形成大面积集聚区，相对集中的地区是官园和西大望南路。家电电子市场则主要分布在中关村和公主坟等地，家居建材市场的集聚区则主要分布在四环附近，符合商业业态在城市的分布规律，即市中心以大型综合购物中心、服装店等为主，城市边缘区则以大型家居、建材市场为主。

3. 商业网点空间分异格局分析

本书对北京市各类商业网点的空间集聚情况进行基于距离的 Ripley's L（d）函数分析，根据 CrimeStat 3.3 软件运行结果，绘制了北京市各类商业网点的 Ripley's L（d）函数统计量随距离半径 d 的变化过程及其空间集聚性的假设检验图（见图 3-1）。由分析结果可知，北京市各类商业网点的L（d）值在 1~13 千米的距离空间内都大于 0，并且全部通过检验，说明北京市各类商业网点在研究范围内显著性集聚。

图 3-1 中的曲线类型大致可划分为三类：即倒“U”形、上扬形和波浪形。北京市各类专卖店、化妆品店、服装鞋帽皮具店、便利店、大型商场、特殊买卖场所等大多数类型商业网点，分布结构呈先上升后下降的倒“U”形，即在一定距离范围内先集聚后分散。以各类专卖店为例，在 8.5 千米左右达到曲线峰值 6.5，说明当 d 达到 8.5 千米时北京市商业空间集聚强度最大。这类曲线中服装鞋帽皮具店集聚强度最大且集聚范围最小，为 6.5 千米左右；大型商场集聚强度最弱，集聚范围在 8 千米左右。第二

类曲线即为上扬形，$L(d)$ 一直保持上升趋势，无峰值出现，包括体育用品店、家电电子市场、超市、家居建材市场和特色商业街，说明此类商业网点在研究范围内随着距离半径的增加，其集聚程度一直在增加。第三类曲线则是波浪形，只有花鸟鱼虫市场符合，主要是由于该类市场总体数量较少，难以形成规模较大的集聚区。

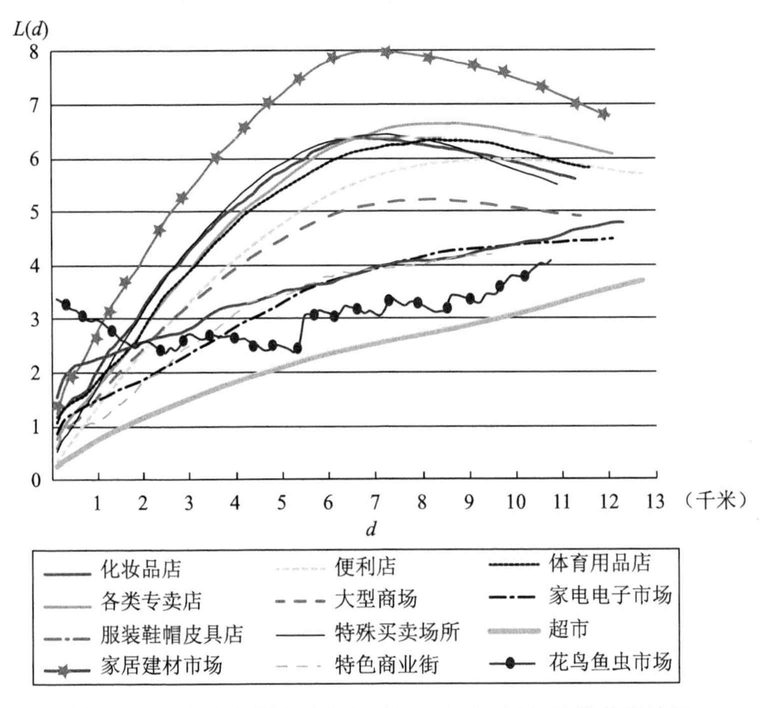

图 3-1　北京市各类商业网点 Ripley's L（d）函数分析结果

3.3　北京市商业区空间识别及分布现状特征

本书上一节对北京市商业网点的空间分布进行了研究，对不同类型的商业网点的分布特点和规律进行了总结，对北京市商业的整体布局有了认识。然而商业区作为城市中主要的功能区之一，是由集中连片的商业网点构成的，本书对城市商业区的环境性能评价是针对城市商业功能区的评价，只有在此基础上才能针对城市商业功能区进行优化调整。因此，需要进一步对北京市商业区进行空间识别，即需要对整个北京市的商业区进行空间位置的识别、范围的界定和类型的划分，这既是本书研究的基础，也是本书研究的关键。

3.3.1 城市商业区空间识别的方法

本书将城市商业区空间的识别分为三个主要步骤：第一步，基本空间单元的划分；第二步，计算基本单元的商业活动量，确定商业街区；第三步，合并商业街区，完成商业区识别。

1. 基本空间单元的划分

以往由于数据的可获得性和研究目标的差异，城市空间研究的基本单元有所不同。常见的研究单元有以下几种：

（1）以行政单元界限作为基本单元。在城市尺度常用的有区界、县界、街道、居委会等。如：张素丽等（2001）从区县尺度分析了北京市零售市场的发展趋势；薛领等（2005）从街道尺度测算了海淀区各个街道的人口潜能与商业吸引力。该方法适用于不同地区间的比较研究，但是以行政区为尺度则难以摸清某一行政单元内具体的商业空间结构差异，且不适合本书城市内部具体商业区的识别与研究。

（2）以一定大小的网格为单元。如仵宗卿（2001）将北京市划分为620个单元格，选择大型百货店，对北京市商业中心的空间结构进行了研究。该方法能够从微观尺度对城市空间进行细分，适用于获取城市内部详细空间结构的研究，但存在元胞尺度的不确定性的问题，且网格法与实际地物难以吻合，进行空间界定的时候也难以找到相应的地物作为其范围。

（3）利用空间聚类方法得出空间单元。如张燕文（2006）以东北经济区县级单元的人均GDP数据为基础，进行了基于空间聚类的区域经济差异分析试验，并利用类轴分析的方法进行修正，最终得出了区域经济的评价单元。该方法工作量小，充分体现空间相近、属性相似的原则，但空间聚类的基础单元需要首先确定，而这个单元如果用商业网点则难以确定商业区的具体范围，如果用泰森多边形或其他方法，则商业区具体界限的划定也存在与实际地物难以吻合、与实际情况有一定差别的问题。

（4）以道路格局划分的街区为空间单元。街区是由城市道路划分的建筑地块，也是构成居民生活和城市环境的面状单元（赵民、陶小马，2001），街区是城市形态结构、城市功能、城市管理及城市认知的基本单元，进行街区尺度研究具有重要意义（肖亮，2006）。而以往的研究由于数据难以获取、工作量较大，选择该方法的研究并不多。

（5）以土地利用地块作为基本单元。该方法较为适用于宏观尺度的研究。而通过解译获得城市商业区的范围复杂性高、工作量大，且这些数据价格昂贵、不能及时更新，难以满足本书研究的需要。

基于以上分析，由于本书有 POI 数据与 OSM 路网数据及其他数据的支持，因此选择街区这一城市形态、功能、管理及认知的基本单元作为本书的基本空间单元。根据北京市路网矢量图，将北京市六环内的地域按照路网（包括主干路、快速路、次干路、支路全部类型）切割成街区，每个街区由四条道路自然分割而成。

2. 计算街区商业活动量，确定商业街区

基本空间单元上商业网点的密度可以直接反映商业服务设施的空间分布，但商业网点的数量并不能完全代表商业活动量，还必须考虑商业网点的规模，更加客观地反映商业活动的空间结构。理论上，商业业种、营业面积、职工数、营业收入等指标可以很好地反映商业网点的经营规模，但在实际操作上，按照这些指标收集资料时，数据量太大，且有些涉及商业机密，一手资料容易失真，尤其是营业收入很难获得准确的数据，调研工作难以开展。因此我们将上述指标做了简化，采用容易获取、不涉及商业机密、信息比较真实同时又能够基本刻划商业活动量空间分布的指标，即以定格在基本空间单元上的网点数和经验网点的平均营业面积（按照业态分类）为分析研究的基础数据指标，面积取值按照我国现行的业态分类标准（GB/T18106-2010）并参考一些学者进行的社会调研综合确定（彭娟，2007），具体见表 3-4。

表 3-4　商业网点营业面积取值

行业	业态	经营类别	营业面积（平方米）
零售业	大型商场	购物中心、商业综合体	50000
	商业街	步行街、特色商业街	30000
	大型专营商场	家电电子市场、家居建材市场	3000
	超市	家乐福、沃尔玛、卜蜂莲花……	3000
	综合市场	农副产品市场、小商品市场、旧货市场、果品市场、水产海鲜市场、综合市场、蔬菜市场	2000
	花鸟鱼虫市场	宠物市场、花卉市场、花鸟鱼虫综合市场	1000
	各类专业店	化妆品店、体育用品店、文化用品店、服装鞋帽皮具店、各类专卖店、特殊买卖场所（典当行、拍卖行）	300
	便利店	7-ELEVEN、好邻居……	100
餐饮业	正餐厅	各式中餐厅、外国餐厅	800
	快餐厅	麦当劳、肯德基、吉野家、必胜客……	400
	休闲餐饮场所	咖啡厅、茶艺馆、冷饮店、酒吧、其他休闲餐饮场所	300
	外卖店	甜品店、糕饼店、熟食店……	100

基于此，构建城市街区商业活动量的计算模型：

$$c_i = a_i / a_{\text{mean}} \tag{3-6}$$

$$CQ_j = \sum_{i}^{n} c_i / S_j \tag{3-7}$$

式（3-6）中，c_i 是经无量纲化处理的商业网点 i 营业面积，a_i是该类商业网点的平均营业面积，a_{mean}是各种类型商业网点的加权平均面积，即不同类型商业网点的数量与相应营业面积乘积的总和除以商业网点总数的结果。式（3-7）中，CQ_j为街区 j 的商业活动量，n 为街区 j 上的商业网点的数量，S_j为该街区的面积。按照此模型，将研究区商业活动强度为零的街区首先排除，然后计算其余街区的商业活动平均值，将大于平均值的街区确定为商业街区。

3. 合并商业街区，完成商业区识别

城市商业区既需要良好的交通条件保证便利性，也需要相对完整和闭

合的购物活动空间以提供舒适、便捷、安全的购物环境。因此，本书客观考虑了城市交通路网对商业区范围界限的影响，其中城市主干路和快速路主要考虑其对商业区购物环境的破坏和空间上的隔离作用，而次干路和支路则主要考虑其对商业区氛围的形成和购物环境的重要作用。所以，进行城市商业区的识别需要进一步将确定出来的商业街区中以次干路和支路分割的进行合并，而保留以主干路和快速路分割的商业街区。

3.3.2 城市商业区类型划分的方法

本书在对北京市商业区进行空间识别后，进一步对其进行类型的划分。从而对不同类型的商业区进行环境性能的评价和优化调控研究。

1. K-Means 聚类法

K-Means 聚类法属非系统聚类，运算速度较快，又被称为“快速聚类法”，是聚类分析中使用最为广泛的算法之一。它将数据看成 K 维空间上的点，以距离作为测度个体“亲属程度”的指标，首先根据给定的聚类数目 K 随机创建一个初始划分，然后采用迭代方法通过将聚类中心不断移动来尝试着改进划分（张文君，2006）。即：

（1）从数据对象中任意选择 K 个对象作为初始聚类中心。

（2）从通过一定的距离测度将所有的样品重新分类，分类的原则是将样品划入离中心最近的类中，然后重新计算中心坐标。

（3）从重复步骤（2），直到标准测度函数开始收敛为止。一般采用均方差作为标准测度函数。

K-Means 聚类算法对大型数据的处理效率较高，特别是当模式分布呈现类内团聚状时，可以达到很好的聚类效果。

2. 聚类指标

基于不同的视角，商业区的分类也不同。本书着重研究城市商业区的功能类型，主要考虑商业服务类型的不同，最终具体选取各商业区内不同职能类型的商业网点的商业活动量占整个商业区商业活动量的比例作为指标，具体包括6个变量：①大型商场、商业街商业活动量占比；②大型专营商场商业活动量占比；③综合市场商业活动量占比；④各类专业店和花鸟鱼虫市场商业活动量占比；⑤便利店、超市商业活动量占比；⑥餐饮网点商业活动量占比。

3. 自然断裂点法（Natural Breaks）

对每种类型商业区服务等级的划分，在各商业区总商业活动量数值的基础上依据主导性原则、顺序性原则、唯一性原则、相似性原则，为避免主观分类，运用基于数据分布的统计特征自然断裂点分类方法，在统计软件SPSS中生成总分频率直方图，选择频率区线分布突变处为级间分界，划分商业区等级体系。

3.3.3 北京市商业区空间分布特点

1. 北京市商业区的空间识别结果

按照商业区空间识别的步骤对北京市城市商业区进行识别。首先获得27955个街区，平均面积87.30平方米；然后计算所有商业活动强度不为零的街区的平均值，为53.19，将商业活动强度大于平均值的街区确定为商业街区；再将以次干路和支路作为分隔的商业街区进行合并，最后共获得1063个城市商业区，平均面积为0.065平方千米。

在此基础上，按照商业区类型划分的聚类指标对北京市商业区进行K-Means聚类分析，经过反复试验，最终划定五种商业区的功能类型。根据聚类结果及每一类别样本数据的特点，分别命名为：饮食文化型商业区、专营型商业区、购物中心型商业区、便利型商业区、综合型商业区，并运用Natural Breaks将全市所有商业区及每类商业区按照商业活动量分为三级。

饮食文化型商业区以餐饮特色为主，主要是各类餐饮店的集聚区。便利型商业区的职能主要是提供一些生活必需品和基本生活服务，包括超市、便利店、快餐店、食杂店等，该类型商业区服务职能和等级层次较低，服务对象主要是附近居住区的居民。购物中心型商业区以一个或多个大型商场、购物中心为核心，或有集中的商业街，并配套有餐饮店、服装、化妆品等一些其他类型的专业店，是集购物、娱乐、餐饮等功能于一身的商业区，一般服务等级较高，服务半径较大。专营型商业区是以集中销售某一类专业商品为主的大型商场或小商店在空间上高度集中形成的，商业职能比较单一，专业性很强，比如家电电子市场、家居建材市场；消费者对这类商业区空间距离的承受能力较强。综合型商业区业态齐全、职能综合，主要包括综合市场、各类专业店、餐饮店等，也可能有购物中心，档次中等，既为周边社区提供日常生活服务，也为该区域上班的工作人员和途经该区域的人流提供便利服务。

各类商业区具体功能特征和数量，以及全部商业区等级数量统计见表3-5①。

表3-5 北京市商业区类型划分及功能特征

	功能特征	主要商业网点	商业区数量（个）	商业区平均面积（平方千米）	等级		
					一级（个）	二级（个）	三级（个）
饮食文化型商业区	以饮食服务为主的商业功能	餐饮店	240	0.015	6（如魏公村附近）	28（如三环新城食尚街）	206（如旧鼓楼大街附近）
专营型商业区	以某一类专营服务为主的商业功能	大型专营商场（家电电子商场、家居建材市场）	264	0.068	6（如四惠建材城附近）	19（如十里河建材市场附近）	239（如东土城路附近）
购物中心型商业区	以高档、综合性购物为主的商业功能	大型商场、购物中心、商业街等	350	0.121	8（如王府井、西单、朝外）	39（如双安商场附近、北辰购物中心附近）	303（如新奥购物中心附近、东方天作商城附近）

① 王芳，高晓路，许泽宁．基于街区尺度的城市商业区识别与分类及其空间分布格式——以北京为例［J］．地理研究，2015，34（6）：1125-1134.

续表

	功能特征	主要商业网点	商业区数量（个）	商业区平均面积（平方千米）	等级		
					一级（个）	二级（个）	三级（个）
便利型商业区	以基本生活服务为主的商业功能	超市、便利店、餐饮	120	0.011	3（如看丹路附近）	24（如安翔里附近）	93（如亚运村汇园附近）
综合型商业区	职能最为综合，提供多种商业服务功能	各类专业店、各类综合市场、餐饮店、超市等	89	0.051	4（如回龙观交易市场附近）	8（如安定门内大街附近的服装购物区）	77（如五道口附近的服装购物区）
合计			1063	0.065	12	64	987

2. 北京市不同类型商业区空间分布特点

不同类型的商业区有不同的功能特点和商业网点的组合结构、不同的消费群体和服务特征，因此不同类型的商业区有不同的空间布局区位特征。运用 ArcGIS 的分析功能，提取面状商业区数据的中心点位置，分别计算不同商业区的中心点与北京城市中心点（天安门）的欧氏距离，按照类型进行分类（见图 3-2）。

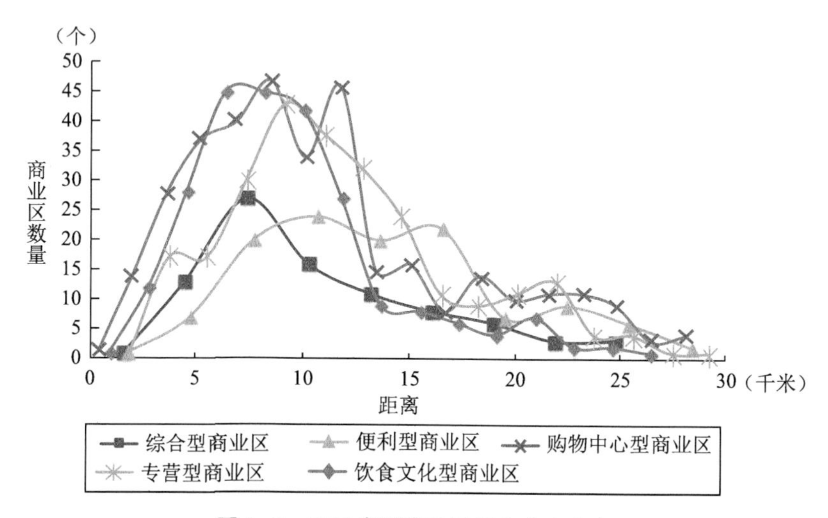

图 3-2 不同类型商业区距市中心分布

饮食文化型商业区平均面积较小，为0.015平方千米，包括簋街、星吧路、苏州街等著名的美食街，在空间上多与购物中心型商业区、综合商业区等相连。从数量上看，在距市中心6~11千米处为该类商业区集聚高峰。

专营型商业区由于所销售的商品并不是居民每日生活必备的非耐用品，顾客购买频率较低，服务范围也较大。按照商业业态，主要有家居建材市场、家电电子商场等。交通可达性和用地条件对这类市场的区位条件起着关键作用。北京市专营型商业区多集中在距市中心10千米左右，即三环、四环附近。

购物中心型商业区融游、购、娱等为一体，以满足消费者高档或耐用品的需求为主，商业区面积较大，平均0.121平方千米，服务半径大。目前北京市该类商业区主要集中在距市中心5~14千米处，尤其是8千米和11千米处形成了两个集聚高峰，即二环附近和三环附近，这些地区交通便利，娱乐和其他设施配套完备，可以实现消费者多目的消费。

便利型商业区空间分布比较分散，在距市中心的数量分布上峰值高度并不明显，在6~18千米相对集聚，商业区面积较小，平均0.011平方千米。该类商业区服务半径较小，一般选择接近可达性好、人口稠密的地区，如大型居住区等。

综合型商业区在空间布局上既强调与社区居民的邻近性，也要考虑服务范围的最大化。因此，该类商业区主要布局在城市居住区附近和人流相对集中的区域，北京市在距市中心7千米即二环附近形成该类商业区的集聚高峰。

3. 北京市不同等级商业区空间分布特点

根据商业网点的商业活动量，即式（3-7），计算全市商业网点商业活动量在空间的分布状态，以观察商业活动的主要集聚区。第一步根据式（3-7）计算出商业网点的商业活动量，第二步运用kernel函数进行核密度分析，第三步将核密度分析结果用等值线的形式表示出来①。

将北京市六环内所有识别出来的商业区按照商业活动量划分为三个等级，从数量看，一、二、三级分别有 12 个、64 个、987 个。总体来看，北京市商业区空间整体分布现状格局有以下特征②：

北京市商业空间由于历史文化和城市空间形态的影响呈现出偏向城市中心的格局。传统商业繁华区仍是现代核心商业区，如王府井、西单、前门、新街口、琉璃厂。得天独厚的地理位置、大量老字号传统商店和市民长期以来形成的心理认同感都是新兴商业区无可比拟的优势。随着环线和放射型城市路网的建设，街区呈方格和辐射状，而基于街区的商业区多布局在四环以内。其余商业区，尤其是大型商业区主要集聚在区位较好、交通发达的区域。

具体而言，高等级的商业区（一级）一共 12 个，全部分布在四环内及四环附近，呈向心分布，并且沿城心向外延伸的主要道路集结，这是一般大城市均具有的最主要的特点。该类商业区包括有悠久历史的传统商业区，如西单、王府井、前门，此外，还包括朝外、中关村等购物中心型商业区，以及丽泽桥、玉泉营、四惠等专营型商业区。

中等级的商业区（二级）主要沿着城市主要交通干线集结分布，这是随着北京市发展和扩张出现的主要趋势，如鸟巢附近的新奥购物中心。此外，专营型商业区以及综合型商业区的形成与发展和交通条件的关系尤为密切，许多家电电子商场、家居建材市场以及各类综合型市场布局在快速交通干线出入口附近，如西三旗建材城。

服务等级低的商业区（三级）分布较为分散，商业区平均面积也较小。从功能类型上来看，主要是一些便利型商业区和饮食文化型商业区，多分布在一些大型社区及周边，以满足居民日常消费需求为主。

---

① 王芳，张颖，邓敏．北京市商业综合体消费者体验评价研究［J］．资源开发与市场，2020，36（7）：705-711.

② 王芳，高晓路，许泽宁．基于街区尺度的城市商业区识别与分类及其空间分布格式——以北京为例［J］．地理研究，2015，34（6）：1125-1134.

4　商业区环境性能评价指标与方法

第3章在对北京市商业区进行识别的基础上，具体分析了商业区的空间格局，是商业空间格局优化的基础。而本书的另一个主要目标和研究基础是，建立商业区环境性能评价的指标与方法，从而基于商业区环境性能的评价对北京市商业空间结构进行优化调控。因此，本章针对商业区自身的特点，借鉴日本CASBEE环境性能评价体系，强调其对于城市的经济价值和社会价值，建立适合商业空间的环境性能评价体系、科学的权重体系。

构建一套科学的评价指标体系并选择科学的方法是实施环境性能评价的关键。本章将从指标的构建原则、指标的具体构建和评定标准等评价指标体系的设计，以及指标的无量纲化和权重确定等方面入手，详细介绍城市商业区环境性能评价的指标与方法。

4.1　指标体系构建的原则

1. 科学性原则

城市环境性能评价的指标体系应本着准确及合理的科学性原则。其中，准确是指各指标设计的概念和内容要清晰明确，要有一定的科学内涵，能够度量和反映所评价区的现状；表达的符号和公式要明确，测量和获取方法要具体。同时，也要满足一定的合理性原则，要求指标的条目清晰易懂、指标的数量恰当、指标规范实用，避免遗漏或重复，避免空泛、不切实际。

2. 综合性原则

评价的指标体系应综合、全面地涉及有关环境性能的各个方面。有关环境品质、社会服务量和环境负荷的指标应该能够体现评价区的综合特点和整体性能。同时，评价的指标体系不仅要涉及评价绿化率、道路面积比例、水体面积比例等实体指标，还要将消费者对于商业区精神审美需求、微气候的人体舒适度、服务管理满意度等主观感受的评价指标囊括在内，体现评价的综合性。

3. 可操作性原则

评价指标的设计应充分考虑数据的可获取性，保证基础数据可以通过调查、考察、测量、分析等手段准确得到，避免因为获取口径过大或过小而引起的数据获取困难等问题，从而影响评价工作的开展。

4. 实用性原则

评价的目的是为改善商业区环境性能提供依据，它应正确反映评价客体的现状及问题，从而为决策提供科学的依据。因此建立指标体系时必须要注意其实用性，尽量与实际中可操控的因素相联系，从而为政策执行提供抓手。

5. 可比性原则

指标体系的建立应符合纵向可比和横向可比的原则。纵向可比指的是符合某类评价客体的发展过程，横向可比意味着可用于不同客体之间的比较。在实践中，这两种可比性都是必需的，只有同时满足两种可比性，指标体系才具有较强的普遍适用性。

4.2　指标体系的构建

本书所指的环境性能是指该地区产生环境负荷（压力）的同时所能带来的环境、经济、社会价值。评价的指标体系在日本 CASBEE 评价体系构成方法的基础上，充分借鉴环境效率的思路，将环境品质的评价扩展到经济、社会和环境的综合效益层面。这既是环境性能评价概念的扩展，也是环境效率评价的扩展，即环境效率不拘泥于环境的经济和社会效率，还考虑其环境效率。

具体而言，包括三个方面的评价内容：环境品质（Q）、社会服务量（S）和环境负荷（L）。利用环境效率来体现一定地域的环境性能，则城市功能区的环境性能为（本书指商业区环境性能，commercial district environmental efficency）：

$$环境性能(CEE)=\frac{环境品质(Q)+社会服务量(S)}{环境负荷(L)} \tag{4-1}$$

由于本研究是针对城市内部功能区的环境性能评价，评价尺度是基本的城市地域单元，因此，CASBEE 中一些过于具体的环境指标，如空气湿度、土壤污染、通风效率等都难以计算和体现。同时，本书针对的是城市内部商业区环境性能的评价，因此，评价指标要充分考虑到商业区的特性以及顾客对商业区环境的满意度，如商业区设施类指标、商业类指标、形象类指标以及经济社会效益方面的指标。此外，考虑到评价的可实施性，本书计划通过管理、满意度评价等一些替代的指标切入，并通过问卷、访谈和实地调研的方式间接获取这些指标数据。

本书构建的评价指标体系的层次结构分为评价总目标、指标层、评分因素（见图 4-1）。

4.2.1 环境品质相关指标构建

1. 自然环境

自然环境是环境品质的重要内容，本书从空气、绿地、水、微气候几个方面考察自然环境。分别关注空气的污染情况，主要是粉尘污染情况；绿地的覆盖面积，体现在绿化率指标上；水体质量，体现在水体的面积占比、排水系统的情况以及直饮水的质量；微气候关注的是环境对人体舒适度的影响，它是温度、湿度、风速等多方面的综合，直接影响着人体对周围环境感觉的舒适度。

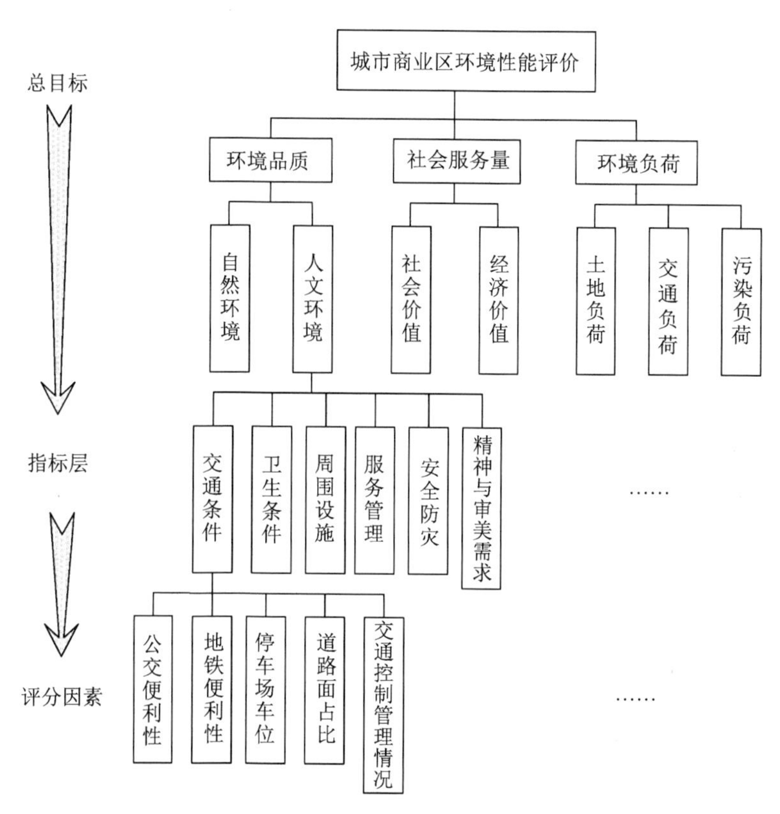

图 4-1 环境性能评价指标体系构成

2. 人文环境

人文环境对于城市内部功能区十分重要，直接影响着市民生活的便利性、舒适性和满意度。针对商业区的特性，本书将人文环境分为交通条件、卫生条件、安全防灾、周围设施、服务管理以及精神与审美需求几方面。

其中，交通条件主要指商业区交通环境的便利度，主要体现为公共交通的设置、车辆停放和人流的组织状况、道路交通面积占比等；卫生条件主要指商业区内的卫生状况，主要体现为街道地面、墙体等的清扫维护质量等；安全防灾主要指该地区在灾害发生时是否具有防御功能，是否能为人们提供一个安全的商业环境，本书采用开敞空间的比例与质量，以及商业区的治安情况、安全设施，来评价该区的安全防灾条件；周围设施主要指便民设施和无障碍设施，包括ATM、街椅、垃圾箱、公共厕所、信息指示牌等，以及针对老年人、残疾人、儿童、孕妇等特殊人群的各种便利设施；服务管理是商业区人性化的体现，是商业区对商户和消费者所遇各种问题的处理能力、行政事务处理能力；此外，消费者到商业区进行消费或休闲娱乐活动，除了需要享受便利的基础设施、自然环境、购物环境外，还需要享受商业区带来的精神与审美的需求，本书用消费者对建筑、道路、水体、绿化等要素的质量与协调性进行主观评价来体现消费者对该商业区在精神与审美层面的满意度。

4.2.2 社会服务量相关指标构建

商业区作为城市的主要功能区之一，是城市社会经济活动集中的地区，是城市进一步发展的基础，影响着城市集聚经济的效益。因此，本书在考察商业区环境性能时，充分考虑了商业区的社会、经济价值指标。在商业区环境性能的评价中，社会服务量可以理解为单位环境负荷的社会经济价值，即在最大化社会经济价值的同时最小化资源消耗和环境污染。

其中社会价值，是从整个社会角度出发，分析商业区的建设、发展对社会所产生的直接、间接效益。社会效益类指标主要包括商业区的城市知名度与美誉度，即商业区是否可以代表地区整体形象，是否起到城市名片的作用；特色风貌的保护，即商业区的历史文化底蕴，本书用现存历史建筑与文物保护单位的情况表示。

经济价值评价反映了商业区利用资源和市场创造价值的经营业绩，也代表街区今后发展的速度、质量、规模、效益和潜力。经济价值类指标的构建，具体应该包括经济运行所影响的利益主体，即政府、投资者、商户、消费者等，但由于这类指标难以获取，且涉及商业机密，本书用商业区业态种类数量和商铺数量与规模代替。

4.2.3　环境负荷相关指标构建

以城市功能区作为尺度衡量其环境性能时，应充分考虑这一地区给整个社会和资源环境带来的环境负担。本书将借鉴环境指标体系构建的压力—状态—响应（PSR）模型，根据压力指标的设计反映人类活动对环境造成的负荷，具体从土地、交通、污染等方面来构建相关的环境负荷指标。

1. 土地负荷

土地紧张是快速城市化带来的一个重要的城市问题。随着城市人口的迅速增长，人们对住房的需求也随之上涨，而土地资源的稀缺使供给不能满足日渐增长的需求，导致了房地产市场的风云变幻。为了节约土地而采用的高密度的开发方式，也带来了环境恶化等问题。本书用建筑覆盖率来评价该商业区的土地利用效益。

2. 交通负荷

随着城市的快速扩张和机动车的快速增长，人地矛盾日渐突出，交通问题也越发明显。特别是在城市商业区，交通要素多样，交通流复杂且庞大，而当前城市商业区普遍存在交通设施不完善、交通拥堵、停车困难等问题。本书利用商业区车流量等指标反映该地区交通负荷情况。

3. 污染负荷

城市商业区是城市内经济、商业、市民活动频繁的地域空间，不同的商业区会在不同程度上对周围居住区和其他地区造成空气、水、噪声等污染。例如，有些商家宣传使用的扬声设备会对周边居住区产生噪声污染，从而影响居民的生活。本书着重调查了商业区对周边地区产生的噪声污染、光污染、水污染、空气污染和垃圾污染等情况，来反映商业区对周边环境造成的压力。

城市商业区环境性能评价指标体系见表4-1。

表 4-1　城市商业区环境性能评价指标体系

一级指标	二级指标	三级指标	评分因素	获取途径
Q 环境品质	Q1 自然环境	绿地质量	绿地覆盖率	GIS 测算
			绿地景观质量	实地考察
		水体质量	水体面积占比	GIS 测算
			水体景观质量	实地考察
		微气候	人体舒适度	问卷
	Q2 人文环境	交通条件	公交便利性（1 千米范围内公交线数量）①	GIS 测算
			地铁便利性（1 千米范围内是否有地铁站）②	GIS 测算
			停车场车位情况	实地考察
			道路面占比	GIS 测算
			交通控制管理情况	问卷
		安全防灾	开敞空间比例及质量	实地考察
			治安情况	问卷
			安全设施	实地考察
		周围设施	便民设施（ATM、街椅、垃圾箱、公共厕所、信息指示牌、派出所）	实地考察、问卷
			无障碍设施	实地考察
		服务管理	问题及行政事务处理能力等	问卷
		卫生条件	街道清扫维护质量	实地考察
		精神与审美需求	组合景观美学	问卷
			与周围景观协调性	问卷
S 社会服务量	S1 社会价值	特色风貌的保护	历史文化底蕴（现存历史建筑与文物保护情况）	实地考察
		城市知名度	在该地区的名气	问卷
	S2 经济价值	商铺数量、规模	商铺个数及规模	统计
		业态种类及档次	业态种类数量	统计

续表

一级指标	二级指标	三级指标	评分因素	获取途径
L 环境负荷	L1 土地负荷	建筑密度	建筑覆盖率	GIS 测算
	L2 交通负荷	车流量	车流量情况	实地考察、问卷
		人流量	本地人流量情况	实地考察
			外地人流量情况	实地访谈
	L3 污染负荷	噪声污染	噪声污染情况	问卷
		光污染	光污染情况	问卷
		水污染	污水污染情况	问卷
		空气污染	粉尘污染情况	问卷
			气味污染情况	问卷
		垃圾污染	垃圾排放情况	问卷

注：①②表示 1 千米从商业区中心点测算。

4.3 评价指标的无量纲化

综合评价体系中的指标是多种多样的，其计量方法、计量单位等方面都有差别，因而其统计的原始数据不能直接进行比较和计算。对指标进行无量纲化处理，目的就是增加指标间的可比性，为下一步数据处理做好准备。

4.3.1 无量纲化方法

无量纲化的方法很多，总结起来主要有三类：直线型无量纲化方法、折线型无量纲化方法和曲线型无量纲化方法。无量纲化所选用的转化公式要根据客观事物的特征及所选用的统计分析方法确定。一方面要求尽量能够客观地反映指标实际值与事物综合发展水平之间的对应关系；另一方面要符合统计分析的基本要求。

1. 直线型无量纲化方法

基本思想是假定实际指标和评价指标之间存在着线性关系，实际指标的变化将引起评价指标一个相应比例的变化。代表方法有：阈值法、标准化法（Z-score 法）、比重法等。

阈值法：阈值也称临界值，是衡量事物发展变化的一些特殊指标值，如极大值、极小值、平均值等。阈值法是用指标实际值与阈值相比以得到指标评价值的无量纲化方法。常用算法公式有：

$$y_i = \frac{x_i}{\underset{1\leqslant i\leqslant n}{\text{mean}}\, x_i} \tag{4-2}$$

$$y_i = \frac{x_i}{\max\limits_{1\leqslant i\leqslant n} x_i} \tag{4-3}$$

$$y_i = \frac{\max\limits_{1\leqslant i\leqslant n} x_i + \min\limits_{1\leqslant i\leqslant n} x_i - x_i}{\max\limits_{1\leqslant i\leqslant n} x_i} \tag{4-4}$$

$$y_i = \frac{\max\limits_{1\leqslant i\leqslant n} x_i - x_i}{\max\limits_{1\leqslant i\leqslant n} x_i - \min\limits_{1\leqslant i\leqslant n} x_i} \tag{4-5}$$

$$y_i = \frac{x_i - \min\limits_{1\leqslant i\leqslant n} x_i}{\max\limits_{1\leqslant i\leqslant n} x_i - \min\limits_{1\leqslant i\leqslant n} x_i} \tag{4-6}$$

$$y_i = \frac{x_i - \min\limits_{1\leqslant i\leqslant n} x_i}{\max\limits_{1\leqslant i\leqslant n} x_i - \min\limits_{1\leqslant i\leqslant n} x_i} k + q \tag{4-7}$$

标准化法：统计学原理告诉我们，要对多组不同量纲数据进行比较，可以先将它们转化成无量纲的标准化数据。而综合评价就是要将多组不同的数据进行综合，因而可以借助标准化方法来消除数据量纲的影响。标准化（Z-score）公式为：

$$y_i = \frac{x_i - \bar{x}}{s} \tag{4-8}$$

式（4-8）中：

$$\bar{x} = \frac{1}{n}\sum_{i=1}^{n} x_i \tag{4-9}$$

$$s = \sqrt{\frac{1}{n-1}\sum_{i=1}^{n}(x_i - \bar{x})^2} \tag{4-10}$$

均值法：是将实际值转化为它在指标值总和中所占的比重，主要公式有：

$$y_i = \frac{x_i}{\sum_{i=1}^{n} x_i} \tag{4-11}$$

$$y_i = \frac{x_i}{\sqrt{\sum_{i=1}^{n} x_i^2}} \tag{4-12}$$

以上是三种常用的直线型无量纲化处理方法，这些方法的最大特点是简单、直观。直线型无量纲化方法的实质是假定指标评价值与实际值呈线性关系，评价值随实际值等比例变化，而这往往与事物发展的实际情况不相符，这也是直线型无量纲化方法的最大缺陷。为了解决这个问题，我们会很自然想到用折线或曲线代替直线。

2. 折线型无量纲化方法

常用的有凸折线型、凹折线型和三折线型三种类型，现简单介绍一种用阈值法构造的凸折线型无量纲化法作为代表。常用公式如下：

$$y_t = \begin{cases} \dfrac{x_i}{x_m} y_m & 0 \leqslant x_i \leqslant x_m \\ y_m + \dfrac{x_i - x_m}{\max\limits_{1 \leqslant i \leqslant n} x_i}(1 - y_m) & x_i > x_m \end{cases} \tag{4-13}$$

式（4-13）中，x_m 为转折点指标值，y_m 为 x_m 的评价值。

从理论上来讲，折线型无量纲化方法比直线型无量纲化方法更符合事物发展的实际情况，但应用的前提是评价者必须对被评事物有较为深刻的理解和认识，能合理地确定指标值的转折点及其评价值。

3. 曲线型无量纲化方法

有些事物发展过程中阶段性的临界点不很明显，而前期、中期、后期发展情况截然不同，也就是说，指标值变化对事物发展水平的影响是逐渐变化的，而非突变的。在这种情况下，曲线型无量纲化方法更为适用。常用的公式有：

$$y=\begin{cases}0 & 0\leqslant x\leqslant a\\ 1-e^{-k(x-a)^2} & x>a\end{cases} \tag{4-14}$$

$$y=\begin{cases}0 & 0\leqslant x\leqslant a\\ \dfrac{k(x-a)^2}{1+k(y-a)^2} & x>a\end{cases} \tag{4-15}$$

$$y=\begin{cases}0 & 0\leqslant x\leqslant a\\ a(x-a)^k & a<x\leqslant a+\dfrac{1}{\sqrt[k]{a}}\\ 1 & x>a+\dfrac{1}{\sqrt[k]{a}}\end{cases} \tag{4-16}$$

$$y=\begin{cases}0 & 0\leqslant x\leqslant a\\ \dfrac{1}{2}-\dfrac{1}{2}\sin\dfrac{x}{b-a}\left(x-\dfrac{a+b}{2}\right) & a<x\leqslant b\\ 1 & x>b\end{cases} \tag{4-17}$$

4.3.2 无量纲化方法的选择

无量纲化方法在使用时，应该选择适合于讨论对象性质的方法。实际工作表明，无量纲化方法的选择关键在于是否切合实际的要求，在这个前提下，越简单、越方便使用，才会越受欢迎。

一般对于指标值变动比较平稳，评价中又鼓励平稳发展的情况，采用直线型无量纲化方法；而对于指标值变动不均衡，评价中又鼓励区分指标的后期发展或前期发展时，采用曲线型或折线型无量纲化方法（王晓军，1993；郭亚军、易平涛，2008）。本书所用指标值无明显突变，变动较为均衡，拟采用直线型无量纲法。

此外，线性无量纲化中的阈值法在使用极大值和极小值做分母时，其差值过大或过小都会影响评价值的大小，无形中改变了指标的权重，因此，不适用于多指标综合评价。目前，最普遍使用的方法是标准化法和均值法。其中Z-score标准化方法，消除了量纲和数量级的影响，但也消除了各指标的变异信息，以往的研究表明，该方法对评价指标值为主观分数时比较适用；而均值法可以准确地反映原始数据所包含的信息，较适用于评价指标值为客观数据的情况（叶宗裕，2003；张卫华、赵铭军，2005）。本书评价指标的类型既有客观数据，也有主观分数，因此两种方法都可选择，在此本书选择均值直线型无量纲化法，避免进行评价计算时出现负数。

4.4　基于SP调查法的评价指标权重的确定

指标的权重是各项指标对于环境性能重要性的一种度量，各项指标权重的大小对评价结果具有重要的影响。因此，指标权重的确定是否科学、合理，在很大程度上影响城市商业区环境性能评价结果的正确性和科学性。

目前，常用的指标权重确定法基本可分为两大类：主观赋权法和客观赋权法。主观赋权法主要有德尔菲专家打分法、AHP层次分析法（杨涛等，2009）、主成分分析法（朱俊成等，2010）等，该方法主要是由专家根据经验主观判断而获得权重，能够反映决策者的经验认识，但其受专家决策者的经验限制，具有很大的主观随意性。客观赋权法有熵值法（秦永东等，2008；李琨等，2008）、灰色关联法（叶勇等，2006）等，该方法是根据评价对象指标值具有的内在特性及其相互关系，运用统计方法计算权重，但其缺乏专家的先验知识，且准确性较大程度依赖数据的质量。此外，还有一些学者结合这两种方法，修正指标权重（方创琳等，1999；刘瑞超等，2012），在一定程度上提高了指标权重的科学性。

此外，一些学者尝试运用SP法（叙述性偏好法）来进行权重的确定。SP法最初运用于市场营销学消费者偏好的研究，20世纪70年代学者开始在住房选择、城市规划、政策制定等研究中引入 SP 方法（Knight Robert L. et al.，1974；Van Poll Ricvan，1997；Helena Nordh et al.，2011），但目前 SP 调研法只在交通领域得到了广泛的应用，如分析研究人们的出行行为选择、交通方式预测以及停车泊位选择等，在其他方面研究较少。而将该方法应用于城市环境评价研究中则尚处于起步阶段，且现阶段集中于城市居住环境评价方面（Wang Donggen et al.，2006；张文忠，2007；赵倩等，2013）。

但由于 SP 方法有效地避免了主观赋权法的随意性和客观赋权法对数据的过分依赖；且 SP 方法通过调查获得受访者的意愿性信息，并根据这种信息去推断这些评价的价值，更加贴近人们判断和选择的过程，具有更高的科学性。因此，本书尝试将 SP 调查法运用到城市商业区环境性能评价中，通过设计 SP 调查问卷来获得评价指标的权重。

4.4.1 SP 调查法的基本原理

SP（Stated Preference Survey，SP）调查是指人们为了获得“对假定条件下的多个方案所表现出来的主观偏好”而进行的意愿性调查，是一类虚拟调查方式的统称，包括选择实验（Choice Experiment）、结合分析（Conjoint Analysis）、假象市场评价法（Contingent Valuation Method）等（Peter et al.，1996；浅见泰司，2006；加知範康，2008）。

SP 调查法的原理是通过预设各评价指标的多个数值，将这些不同的数值组成不同的情景，每个情景是一种供选方案，然后让受访者以评分、排序或选择的方式来评估其对各选项的整体偏好。在此基础上，利用数学原理设计出 SP 调查情境去减少甚至消除属性之间的相互依赖性，同时权衡多个因素的影响程度（见图 4-2）。SP 调查法主要的提问和分析方法包括以下几种：

1. 完全评价法与对比评价法

完全评价法以模拟卡的方式提示一个选项或情景的多种属性，要求受访者评价对其的喜好程度。对比评价法要求受访者在一定范围内给每一个选项打分或给出其选择的概率，也可以将选择情况划定范围供受访者进行选择，通常在两者之间进行比较（Pearmain D.，1991）。

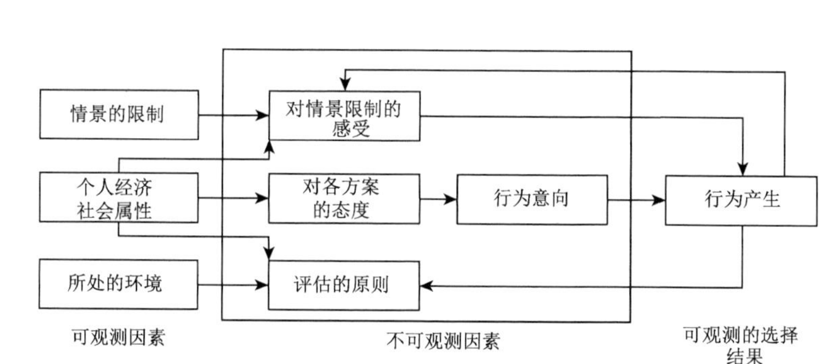

图 4-2 SP 调查法原理

2. 等级排序法

该方法起源于应用心理学领域，Louviere 于 1988 年将其应用于 SP 调查中。采用这种方法，直接为被调查者提供所有选项，让受访者按照自己的喜好进行等级排序。该方法的主要优势在于会将所有选项一起提供给受访者；缺陷是容易使调查者产生疲倦，从而影响问卷质量。同时，该方法所获得的数据仅表明受访者的判断，而非其在现实中的必然选择（Ortuzar et al.，2005）。

3. 离散选择法

在离散选择法中，给受访者提供若干个选项，要求他们选择其中最优的一个。其优点在于它更加接近于人们在现实生活中所遇到的抉择问题（Pearmain，1991）。离散选择法与上述两种方法的最大区别在于：离散选择法不是测量受访者的偏好，而是获知受访者如何在不同的产品或情景选择集中进行选择。因此，离散选择法在研究中是一种更为实际、更有效但也更复杂的技术。

本书拟采用 SP 调查，通过离散选择法，模拟虚拟商业环境来测量顾客的选择行为，进而建立离散选择模型（Discrete Choice Model，即 Choice-Based Conjoint Analysis），从而获知商业区各环境性能的指标在顾客心目中的重要性，最终确定评价指标的权重。

4.4.2 SP 调查方案的设计

SP 调查方案的设计是调查成功与否的关键，调查方案应充分体现调查的指标及其水平。

1. 设定调查指标及其水平

由于 SP 数据是个人选择数据，因此我们选择能够影响服务或政策的回答，从而增大调查数据的偏差。一般一个指标至少设置两个等级水平，特别关心的指标可以适量增加。下面根据 4.2 节中确定的城市商业区环境性能评价的指标体系，对调查指标及其水平进行设定。由于本书指标较多，为了减轻受访者答题的疲倦、反感程度，提高问卷质量，将所有指标设定为两个水平，如将“绿地覆盖率”设置为“绿地覆盖率较高”和“绿地覆盖率较低”，将“公交便利度”设置为“较方便”和“较不方便”等，具体见表 4-2。

表 4-2 城市商业区环境性能调查指标及其水平

一级指标	二级指标	评分指标	指标水平
Q 环境品质	Q1 自然环境	绿地覆盖率	较高、较低
		绿地景观质量（绿地景观规划规划是否美观）	较美观、较差
		水体面积占比	较高、较低
		水体景观质量（水体景观如喷泉、溪流等规划是否美观）	较美观、较差
		人体舒适度（对温度、湿度、风速等的体感舒适度）	舒适、不舒适
	Q2 人文环境	公交便利性（1 千米范围内公交线数量）	方便、不方便
		地铁便利性（1 千米范围内是否有地铁站）	方便、不方便
		停车场车位情况	车位宽松、车位紧张
		道路面占比（路面宽度）	路面宽阔、路面狭窄
		交通控制管理情况	较好、较差
		街道清扫维护质量（街道清洁度）	较好、较差
		开敞空间比例及质量（紧急避难场所）	较好、较差

续表

一级指标	二级指标	评分指标	指标水平
Q 环境品质	Q2 人文环境	治安情况（对盗窃、抢劫等社会治安问题的控制管理情况）	较好、较差
		安全设施（如防护栏、消防、紧急处理设施等）	比较齐全、不太齐全
		便民设施（ATM、街椅、垃圾箱、公共厕所、信息指示牌、派出所）	比较便利、不太便利
		无障碍设施（老年人、残疾人、儿童、孕妇等特殊人群的各种无障碍设施）	比较便利、不太便利
		问题及行政事务处理能力等	较好、较差
		组合景观美学	较好、较差
		与周围景观协调性	较好、较差
S 社会服务量	S1 社会价值	历史文化底蕴	底蕴浓厚、底蕴浅薄
		在该地区的名气	名气较大、名气较小
	S2 经济价值	商铺个数及规模	规模大数量多、规模小数量少
		业态种类数量	种类较多、种类较少
L 环境负荷	L1 土地负荷	建筑覆盖率	覆盖率高、覆盖率低
	L2 交通负荷	车流量情况	多、少
		本地人流量情况	多、少
		外地人流量情况	多、少
	L3 污染负荷	噪声污染情况	严重、不严重
		光污染情况	严重、不严重
		污水污染情况	严重、不严重
		粉尘污染情况	严重、不严重
		气味污染情况	严重、不严重
		垃圾排放情况	严重、不严重

2. 情景组合设计

情景组合设计即为试验方案设计，就是将不同属性及其水平数进行有效的组合，以得出合理的调查方案，供受访者选择。

情景组合设计方式包括全面设计法、正交设计法、均匀设计法等。全面设计是将每一个调查指标的各种可能取值（水平）全部进行组合，就每一个组合让受访者做判断。该方法可以获得全面的数据结果，结论也比较准确，但受访者需要做的判断（选择）次数过多，并且存在着很多无谓的重复，不适用于多指标综合评价。正交设计是使试验点均衡地分布在试验范围内，让每个试验点都有充分的代表性，易于估计各变量的主效应和部分交互效应。当调查项目有 n 个指标，m 个水平时，利用全面设计法会有 $n\cdot(m-1)+1$ 个（最少）方案。该方法可以有效地减少受访者需要判断的次数，比较适合指标水平较少的情景组合设计。均匀设计是我国学者方开泰 1978 年在正交设计的基础上开创的（方开泰，1994）。在均匀设计中让试验点在试验范围内充分“均匀分散”，因此所需要的试验点数目较少，比较适合指标水平较多的情景组合设计。

设计 SP 调查问题时，通常要有 3 个以上调查指标，但如果提供的指标过多，所含的信息量超过回答者的判断能力，回答者难以做出正确的回答，会影响数据的准确性；理论上组合属性数在 3~6 个时，最有利于人们进行比较选择（赵倩，2013）。

基于以上分析，本书将调查问题分成不同的调查类型以减少单份问卷的判断数量。根据指标的类型和数量将调查问题分为七种类型，分别为自然环境方面的环境品质、交通方面的环境品质、安全设施方面的环境品质、管理卫生审美方面的环境品质、社会服务量、土地交通方面的环境负荷、污染方面的环境负荷。然后运用正交设计法将每种调查问题类型与相应的水平进行组合。

以自然环境方面的环境品质为例，共分为 5 个评价指标，每个指标 2 级水平，运用正交设计法的 L_8（2^7）正交设计表将试验次数设计为 8 种情景方案（如果用全面设计法则为 2^5，即 32 种情景方案），然后舍去其中有明显偏好的方案，最终取得 6 种有效的情景方案（虚拟商业区情景），见表 4-3。

表 4-3 自然环境品质情景方案设计

情景方案	绿地覆盖率	绿地景观质量（绿地景观规划是否美观）	水体面积占比	水体景观质量（水体景观如喷泉、溪流等规划是否美观）	人体舒适度（对温度、湿度、风速等的体感舒适度）
商业区 1	绿地较少	绿地景观设计比较美观	较小	水体景观设计较差	不舒适
商业区 2	绿地较少	绿地景观设计较差	较大	水体景观设计比较美观	不舒适
商业区 3	绿地较少	绿地景观设计较差	较小	水体景观设计比较美观	舒适
商业区 4	绿地较多	绿地景观设计比较美观	较小	水体景观设计比较美观	不舒适
商业区 5	绿地较多	绿地景观设计较差	较小	水体景观设计较差	不舒适
商业区 6	绿地较多	绿地景观设计比较美观	较大	水体景观设计较差	舒适

然后，根据 6 种有效的情景方案进行交叉组合，去除有明显偏好的选择集，最终形成 6 个有效选择集，请受访者从提供的某一个选择集中进行选择，见表 4-4。

表 4-4 自然环境方面的环境品质情景方案选择集

选择集	选择 1	选择 2
选择集 1	商业区 3	商业区 4
选择集 2	商业区 6	商业区 2
选择集 3	商业区 3	商业区 5
选择集 4	商业区 1	商业区 2
选择集 5	商业区 2	商业区 4
选择集 6	商业区 1	商业区 3

其他调查问题类型也以相同的方法，分别形成相应的情景方案及其选择集：交通方面的环境品质形成 6 个情景方案、6 个选择集，安全设施方面的环境品质形成 6 个情景方案、6 个选择集，管理卫生审美方面的环境

品质形成5个情景方案、5个选择集，社会服务量方面形成5个情景方案、5个选择集，土地交通方面的环境负荷形成5个方案、5个选择集，污染方面的环境负荷形成7个方案、7个选择集。此外，由于考虑到同类调查问题更加便于人们比较相对重要程度，而类别之间的相对重要性则难以反映，因此从每类调查问题中抽取一个问题设计了一个综合情景方案和相应的选择集，形成8个方案、8个选择集作为最后调整每类指标权重的参照。

最终，将所有类型的调查选择集充分随机组合分成不同的调查问卷，为减少每份问卷题目数量，共生成15类问卷，每类问卷有3~4个选择集，然后将SP调查放在受访者基本信息和环境性能相关调查问题之后。请受访者在3~4个选择集中分别选出最佳选项。具体调查问卷见附录一。

4.4.3 基于SP调查法的指标权重模型构建

SP方法通过顾客选择希望购物的环境来获得各环境要素影响程度的相对重要程度，符合离散选择模型的理论基础，在此采用离散选择模型进行数据分析。离散选择模型（Discrete Choice Model），即基于选择的结合分析模型（Choice-Based Conjoint Analysis），采用Multinomial Logit Model进行数据统计分析。

Multinomial Logit Model假定每个受访者均从包含 m 个可选情景方案的选择集 C 中选择一个情景方案（商业环境），其选择概率等于：

$$P(c_i \mid C) = \frac{\exp\left[U(c_i)\right]}{\sum_{j=1}^{m} \exp\left[U(c_j)\right]} = \frac{\exp(x_i\beta)}{\sum_{j=1}^{m} \exp(x_j p)} \tag{4-18}$$

式（4-18）中，x_i是情景方案（商业环境）的属性向量，β是未知参数向量。$U(c_i) = x_i\beta$ 是选择 c_i 情景方案的效用值，它是该情景方案指标的线性函数；因此，受访者选择某个情景方案的概率等于该方案效用值的指数函数除以所有方案效用值的指数函数的和。

Multinomial Logit Model采用极大似然函数估计未知参数向量 β：

$$L_C(\beta) = \frac{\exp\left[\left(\sum_{j=1}^{m} f_{jk} x_j\right)\beta\right]}{\left[\sum_{j=1}^{m} \exp(x_j\beta)\right]^N} \tag{4-19}$$

$$f_{jk} = \begin{cases} 1 \\ 0 \end{cases} \tag{4-20}$$

其中，N 为受访者人数，m 为选择集中可选情景方案（商业环境）个数；如果第 k 个受访者选择了第 j 个产品，则 $f_{jk}=1$，反之，则 $f_{jk}=0$。

由 Multinomial Logit Model 推算出的模型系数 β 为未知参数向量估计值，即各属性（评价指标水平）的效用值（黄晓兰，2002；赵倩，2013）。在得出评价指标效用值后，需进一步计算各指标的相对重要性，该分析基于假定：如果属性（评价指标水平）的各个水平效用值间没有差异，说明这一属性对受访者做出决策的影响很小，表示这一属性在受访者选择情景方案时重要性不大，反之，如果不同属性水平间差异值很大，表示该属性在整体中的重要性大。公式如下：

$$W_i = C_i / \sum_{i=1}^{m} C_i \tag{4-21}$$

$$C_i = \max(V_{ij}) - \min(V_{ij}) \tag{4-22}$$

其中，W_i为第 i 个属性的相对重要性，$\max(V_{ij})$ 为第 i 个属性的最大水平效用值，$\min(V_{ij})$ 为第 i 个属性的最小水平效用值。本书中每个属性（评价指标水平）均有两个水平效用值，则 $C_i = 2|V_{ij}|$。此外，离散选择模型还可以根据上述数据进一步模拟市场，分析各种情景的市场占有率。本书暂不涉及这部分内容，这里不再展开。

Multinomial Logit Model 的结果的检验分为三部分：第一，数据结构汇总表，用以判断选择集数据结构是否正确，以及极大似然估计的迭代算法是否收敛；第二，模型的拟合程度，一般在显著性水平 $\alpha=0.05$ 以下，利用 -2 Log Likelihood统计量和似然比统计量的卡方值（Chi-Square）做显著性检验；第三，要检验每个未知参数的估计值，考察估计值的显著性程度(p-Value)。

本书通过 SP 调查法，利用 SAS 9. 1. 3 软件的 market 模块运用离散选择法对各问题类型和综合部分分别进行拟合，获得了基于受访者（顾客）更加贴近人们判断和选择的结果，以及具有更高的科学性的城市商业区环境性能的权重体系。

4. 5　评价标准、调研方案及数据收集

4. 5. 1　评价标准

本书针对城市商业区，即城市内部功能区尺度进行环境性能评价，与针对建筑等微观尺度的评价不同，在精度有限的情况下，如果过于强调通过设备和技术手段获取某一地点的具体测量值，则由于噪声（noise）的存在在空间尺度转换的过程中反而会产生偏差。同时，如果过于强调具体的客观数值指标，也会增加评价操作的难度。

因此，本书采用了较多的定性评价指标，从以人为本的角度，通过调查问卷或实地调研进行判断评价，充分体现顾客对商业区环境的评价。同时，为了尽量避免实地调研部分评价的主观性，研究设计了详细的实地调研手册，对各项标准及评价得分给予了详细的说明（见附录二）。例如，在评判商业区绿地景观质量这项指标时，根据调研手册的评价标准，分为：很好（绿地整洁，冠形清晰，趣味景观和小品数量多、质量高，欣赏价值高）；较好（绿地较整洁，冠形较清晰，趣味景观和小品数量较多、质量较高，欣赏价值较高）；一般（绿地较整洁、有冠形、有趣味景观和小品、有一定欣赏价值）；较差（绿地有少量杂物、无趣味景观和小品）；很差（无绿地或绿地整洁度很差、无趣味景观和小品）。这样实地调研者可以很快得出判断，避免了调查员的过分主观性。图 4-3 为调研各商业区的实际情况与评价标准示例。

(a) 很好　(b) 良好

(c) 一般　(d) 很差

图 4-3　实地调研中绿地景观质量判别示例

4.5.2　调研方案与数据收集

根据上述分析，本书的数据主要通过受访者问卷调查及实地调研的方式获取。具体的调查以典型案例商业区为基本单位开展，分为问卷调查以及调查员根据实地考察或与管理人员沟通进行的实地调研两大部分（见附录一与附录二）。

1. 问卷调查

针对消费者展开的调查问卷分为三部分：第一部分为被调查者基本情况，包括性别、年龄、收入等个人基本信息。第二部分为商业区环境性能相关问题，请受访者针对调查的商业区进行评价，涉及受访者对某一个案例商业区的体感舒适度等环境品质、商品档次等社会服务量以及污染等环境负荷方面的评价。评价按照 5 分制进行，根据题目类型进行具体选项设置，如可分为很满意（5 分）、一般（3 分）、很不满意（1 分）。同时，此部分问题也用于对 SP 问题的检验。第三部分为 SP 问题，根据问题类型和问题的组合情况共分为 15 种问卷。SP 设计方法具体见本章第 4 节。

本书通过网络、手机通信以及实地调研同时进行受访者问卷调查，既可以提高问卷的回收效率，又可以保证问卷的有效性（见图 4-4）。

SALE
SOJUMP
问卷星
专业的在线问卷调查平台

北京市商业区环境性能评价问卷调查（1）

尊敬的女士和先生，您好！为了解北京市商业区的现状以及消费者对购物环境的满意度，我们开展这次问卷调查。
本调查不要求您填写您的姓名或详细个人信息，数据仅用于学术研究。请您根据实际情况填写，衷心感谢您的配合和参与！

请选择一个您比较熟悉的一个商业区，并针对该商业区填写下面的问卷。*

西单商业区
新奥商业区
十里河建材商业区
魏公村美食商业区
看丹路便利商业区
回龙观综合商业区

一、消费者基本信息与购物基本情况：

1. 性别：*

A男　B女

99% 10:22
北京市商业区环境性能评价...

E 50-60岁
F 60岁以上

3. 您家庭的月收入：*

A 小于4000元
B 4000-8000元
C 8000-1.5万元
D 1.5万-3万元
E 3万元以上

4. 您居住地是：*

A 外市
B 本市，大约距该商业区3公里以内

图 4-4　网络、手机通信及实地问卷调研

问卷回收后，首先对调查所得的各种原始数据进行审查、检验和初步加工。其中网络、手机通信获取的问卷主要通过答题人答卷的时间、答题人的 IP 地址进行初步筛选：①同一 IP 地址，受访者基本属性信息不同的问卷删除；②同一 IP 地址，多次针对同一商业区填写问卷的记录删除；③答题时间过短的问卷删除。对实地发放的问卷进行初步筛选，主要审核答题的完整性、可靠性，然后及时订正、回访，保证数据的科学性。另外，通过问卷的第二部分审查 SP 问题是否符合逻辑，排除那些非逻辑数据，保证数据的有效性。

2. 实地考察

这部分调查是调查员依据《实地调研记录及相应评价标准》（见附录二）对商业区的绿地、水体景观、道路清洁、开敞空间质量、设施情况等进行评分，在一定程度上避免了主观调查的随意性。

此外，调查员还通过与商业区相关管理人员和商户进行交谈，获取了商业区在交通管理、车辆停放情况、人流组织及人群主要属性、治安等方面的相关情况。实地考察调研见图 4-5。

图 4-5　实地考察调研

5 北京市典型商业区环境性能评价

5.1 北京市典型商业区的选取和实地调研

5.1.1 北京市典型商业区的选取

根据第 3 章北京市基于街区尺度的商业区的空间识别和类型划分，可以看出商业区数量众多、类型不同、发展等级和情况各异。由于同类型商业区在商业功能、基础设施、购物环境等环境性能评价要素方面有较高的同质性，且考虑到问卷调研和实地考察的工作量，因此本书根据第 3 章的分析结果，在五类 1063 个商业区中，每类商业区选取 1～2 个典型的案例区进行深入分析，对其进行环境性能评价。

典型案例的选择，充分考虑到案例商业区的等级，研究选取等级较高、发展水平较高的商业区；其中购物中心型商业区数量较多，为 350 个，故选择西单一级商业区和新奥三级商业区两个案例区，增强代表性。此外，典型案例的选择还兼顾商业区的空间布局，六个典型商业区分别位于不同的环线内，且城南、城北都有。

本书根据商业区类型分别选取魏公村饮食文化商业区、十里河建材专营商业区、西单购物中心商业区、新奥购物中心商业区、看丹路便利商业区和回龙观综合商业区作为研究典型区进行实地考察调研和问卷调研，见表5-1。

表 5-1 北京市不同类型商业区典型案例选取

典型案例商业区	类型	在该类商业区中的等级	该类商业区特点
魏公村饮食文化商业区	饮食文化型商业区	一级	以餐饮服务为主
十里河建材专营商业区	专营型商业区	二级	以某类大型专营商场为主，主要有家电电子商场和家居建材市场
西单购物中心商业区	购物中心型商业区	一级	以高档、综合性购物为主，商业区内以多个或一个大型购物中心为主，多种商业业态并存
新奥购物中心商业区	购物中心型商业区	三级	同上
看丹路便利商业区	便利型商业区	一级	以基本生活服务为主，主要为周边的居民提供生活必需品和基本生活服务
回龙观综合商业区	综合性商业区	一级	职能最为综合，具有多种商业服务功能，既有较大的商场，也有提供日常生活服务的商店

5.1.2 北京市各典型商业区空间范围和基本情况

本书第 3 章中基于街区对北京市商业区进行了识别与分类，而基于街区的识别适用于相对大尺度，即全市商业区的快速、相对准确的识别。但在对具体某个商业区进行研究时，则要考虑该街区内商业空间与居住、办公和工业等空间的具体分布状况，针对本书则要考虑商业区对其他区域的环境影响。因此，本节在街区尺度上运用遥感图像对每个典型案例商业区进行进一步识别，在建筑物尺度上精确地划分出具体的商业区空间范围。

1. 魏公村饮食文化商业区

魏公村饮食文化商业区位于海淀区南部，东起中关村南大街，西抵民族大学西路，北起魏公村路，南至魏公街。毗邻中央民族大学、中央民族大学附中、北京外国语大学、北京理工大学、魏公村小学等。该商业区将魏公村小区和韦伯豪家园，以及商务大厦等办公空间去除，占地约 13 万平方米。其实地照片见图 5-1。

图 5-1　魏公村饮食文化商业区实地照片

注：课题组拍摄于 2014 年 7 月。

魏公村在元朝就已形成，经明清延续至今，它在明清时期被称作“畏吾村”，是新疆维吾尔族人在北京活动的集聚地，后用其近似音，即魏公村。魏公村南是中央民族大学，不少维吾尔族同胞在此就学，其他少数民族也在此集聚。

魏公村饮食文化商业区，分布有各类餐饮店：既有新疆美食餐饮店，也有许多其他少数民族特色餐饮店；既有大型饭店，也有小餐馆和外卖小店。如巴依老爷新疆美食、眉州东坡酒楼、满德海蒙古食府、江边城外、好伦哥、阿铭家豆腐烧小吃店、炒酸奶饮品店等。同时也分布一些超市、便利店等。由于与诸多学校毗邻，顾客中学生占一大部分，当然还有很多附近小区的居民和慕名到此就餐的市民。

餐饮店大大小小多沿街分布，分布较为紧凑。每家餐饮店各具特色，餐馆内部就餐环境和服务根据店面大小和餐馆等级有所不同。但由于每个餐饮店规模有限、各自为政，商业区没有统一的大型停车场，相应的绿化和配套设施等也不健全。而该商业区道路并不宽，客流量较大，尤其是周末高峰期，交通和人流压力都很大。

2. 十里河建材专营商业区

十里河建材专营商业区地处北京东三环，从地铁十里河站向东沿着大羊坊路绵延数里均为家居建材专营市场。该商业区是1999年经过区域规则重新建设的，配套设施相对完善，经过十几年的经营，市场已经达到相当大的规模。占地面积约为40万平方米，总营业面积80万平方米左右，年流通额逾100亿元①，是北京建材专营商业区之一。其实地照片见图5-2。

图5-2 十里河建材专营商业区实地照片

注：课题组拍摄于2014年7月。

该商业区内坐落着东方汇美家居广场、美联天地建材市场、家和家美家居用品大件店、大洋路建材城、高力国际灯具港等多家大型综合家居建材市场，还有程田古玩城、十里河天娇民俗文化城、十里河奇石城、十里河灯饰城、居然之家十里河店、保佳建材市场等。此外，还有一些餐饮、汽配、农副产品交易市场相配套。

各家居建材商场规模较大，如居然之家等，商场内部购物环境较好，一般均配有大型停车场。各家居建材市场规模也很大，由很多私人店铺或摊位构成，但购物环境明显比商场差，尤其沿街存在乱停车、乱摆放物品

① 参考网络 http：//www.slhfurniture.cn/。

的现象。

3. 西单购物中心商业区

西单购物中心商业区主要沿西单北大街南北向分布，占地面积约 50 万平方米。紧邻天安门广场，跨越西长安街，主要分布在西长安街以北。因东西边界由各项目的纵深决定，且西单周围的一些胡同小巷也被开发成为商业区，如西单文化广场北的武功卫胡同等，所以呈非直线型的空间布局。其实地照片见图 5-3（西城区政府对西单商业区的规划范围：南起宣武门，北至灵境胡同，南北长 1600 米、东西长 500 米，占地 80 公顷。由于就目前来看，一些地区的商业网点数目较少、规模较小，所以识别出实际的商业区范围比规划范围小）。

图 5-3　西单购物中心商业区实地照片

注：课题组拍摄于 2014 年 7 月。

西单商业区作为北京市延续至今具有悠久历史和深厚文化底蕴的商贾云集之地，与王府井大街、前门大栅栏并称三大传统商业区。在广大消费者心目中是商业经营的黄金地段，更是首都经济繁荣的象征。

西单的名字来源于一座牌楼，题名"瞻云"。在东城区现东单路口也有一个牌楼，题名"就日"。因为都是单座牌楼，且东西相对，因此称为西单牌楼和东单牌楼，简称西单和东单。在西单和东单的北面各有一处四座牌楼的路口，因此称为西四牌楼和东四牌楼，简称西四和东四。根据第 3 章中对北京市商业空间格局发展历史的梳理，西四和东四从元朝开始就是比较繁荣的商业市场，即枢密院角市（今东四西南）、羊角市（今西四一带）。而西单商业区由中华民国时期开始兴旺形成，到新中国成立后与王府井、前门大栅栏共同成为第四代北京市一级商业中心。

目前西单商业区拥有各类企业、商家共计 120 余家，其中拥有 10 家营业面积万平方米以上的大型零售企业（亿元商城），主要包括西单商场、中友百货、西单大悦城、君太百货等。商业区业态丰富，配套设施齐全，购物环境良好，知名度高，客流量大，被誉为"年轻人的购物天堂"。不仅吸引着北京市市民，而且很多国内外游客也会去西单商业区进行购物、休闲活动。该商业区范围内有多个大型停车场，多为地下停车场，但停车位仍旧有限，且人流量、车流量较高，交通压力很大。西单北大街沿街以及文化广场绿化景观和水体景观设计较好。

4. 新奥购物中心商业区

新奥购物中心商业区坐落于北京市中轴线北侧，四环至五环之间。北临大屯路，南至国家体育场北路，西起地铁八号线出口处，东到湖景东路。毗邻鸟巢、水立方、国家体育馆，周边有中国科技馆、北辰世纪中心、国家会议中心，属于亚洲最大的绿化景观奥林匹克公园的一部分。其实地照片见图 5-4。

图 5-4 新奥购物中心商业区实地照片

注：课题组拍摄于 2014 年 7 月。

新奥购物中心商业区地面是奥林匹克公园龙形水系的一部分，其绿化和水景都很好。该商业区主要是由新奥购物中心构成，其他商铺很少，周围有少量餐饮店，如肯德基等。新奥购物中心是下沉式的购物广场，地下两层，总规模 25 万平方米左右，还有一个大型地下停车场，车位 2300 余个。该商业区通过地下交通通道将奥林匹克公园周边公共设施以及地下停车场与购物中心相连，属于新兴的公园商业模式。

2008 年北京奥运会之后，奥林匹克公园中心区成为重要的奥运“遗产”，新奥购物中心依托有利区位，于 2010 年 9 月开业，是新兴的商业区。到目前为止，已经入驻了很多品牌，如 CGV 星星国际影城、顺电精品电器、自然美、屈臣氏、麦当劳、吉野家、SEVENANA、品奇比萨等，其商业业态越来越齐全，吸引的客流量越来越大。

该商业区主要为周边的居民以及到奥体公园游览的北京市市民和外地游客提供购物休闲场所，由于开业时间不长，目前停车位等配套设施的压力还不太大。而且其毗邻鸟巢和奥体公园，自然环境比较舒适。

5. 看丹路便利商业区

看丹路便利商业区位于丰台区，西靠世界文明古迹卢沟桥，距西南四环路仅 0. 7 公里，属于北京城西南城乡接合部，是该地区居民的基本生活服务商业区，主要为附近看丹村村民提供便利。

该商业区规模很小，占地面积约 1 万平方米。以基本食品店、一般日常用品店、肉菜市场、电信服务、美容保健服务为主，商业服务设施规模小（多为 5~50 平方米）、等级层次低、服务质量差，一般是由村民对其私房底层改建而成的。建筑空间上缺乏统一规划，杂乱无序、布局紧密；交通道路、商业服务设施缺乏规划，等级较低；人口以本村居民和外来流动人口为主，人员复杂，生活需求层次较低；商业环境很差，存在垃圾废弃物胡乱堆放现象。其实地照片见图 5-5。

图 5-5 看丹路便利商业区实地照片

注：课题组拍摄于 2014 年 7 月。

6. 回龙观综合商业区

回龙观综合商业区位于北京市昌平区回龙观文化居住区内，在北五环与北六环之间。西起京藏高速，东至育知路，占地面积约 40 万平方米。其实地照片见图 5-6。

图 5-6　回龙观综合商业区实地照片

注：课题组拍摄于 2014 年 7 月、2015 年 3 月。

回龙观综合商业区主要由回龙观商品交易市场构成，主要经营蔬菜水果、粮油、肉蛋禽、调料干果、水产冻货、茶叶、烟酒饮料、厨具、酒店用品、五金、日杂、百货小商品、服装鞋帽、小件家具、花鸟鱼虫、宠物用品等。交易商品达 20 多个大类，200 多个品系，30000 多个花色品种，业态丰富，是一个综合性的商业区。回龙观商品交易市场包括 3.5 万平方米综合性高档卖场 1 栋、交易大厅 23 栋、门面房 2000 余间、库房 8 万平方米（含独立冷库近 200 间），固定铺面 6000 多个，日交易额 4000 万元左右。此外，该商业区还分布有便利店、餐饮店等。

该商业区于 2003 年开始运营，主要为周围居住区的居民提供便利，以及为北京市市民购物尤其是大批量购物提供服务。该商业区客流量较大，高峰日客流量达 3 万人次，车流量 8000 余台①。

商业区停车场为 5 万平方米左右，可以满足高峰期停车位的需求。但绿化等环境较差，也没有水体景观。在市场内部，很多铺面将货物摆放在

① 资料来源：http：//baike. baidu. com/view/4246441. htm？ fr=aladdin。

过道，影响顾客通行。此外，商业区的配套设施也不太齐全，如没有街椅，公共厕所也不多。

5.2 调研数据整理

5.2.1 问卷基本情况统计

本书共获取针对受访者的调查问卷 442 份，其中通过网络、手机通信获取问卷 313 份，通过实地问卷调查获取问卷 129 份。通过 IP 地址、答题时间（小于 60 秒无效，除去异常长时间答题，平均答题时间 187.3 秒）、答题逻辑性等，将无效问卷排除，最后形成总的有效问卷数据库，共获得有效问卷 417 份，问卷有效率为 94.3%。

调查问卷根据 SP 问题分为 15 类，417 份合格问卷中每类问卷收集情况见表 5-2，可以看出每类问卷的数量相差不大。不同商业区问卷回收情况统计见表 5-3，问卷数量在 51~85 份，较为均匀。总体来看，问卷的数量和分布结构符合 SP 调研和商业区分析的基本要求。

表 5-2 问卷类型回收情况统计

问卷类型	频率	百分比（%）	问卷类型	频率	百分比（%）
1	32	7.7	9	26	6.2
2	28	6.7	10	26	6.2
3	31	7.4	11	28	6.7
4	25	6.0	12	28	6.7
5	26	6.2	13	24	5.8
6	29	7.0	14	26	6.2
7	26	6.2	15	23	5.5
8	39	9.4	合计	417	100.0

表 5-3　不同商业区问卷回收情况统计

商业区类型	频率	百分比（%）
回龙观综合商业区	51	12.2
看丹路便利商业区	66	15.8
十里河建材专营商业区	76	18.2
魏公村饮食文化商业区	85	20.4
西单购物中心商业区	84	20.1
新奥购物中心商业区	55	13.2
合计	417	100.0

此次问卷调查所获得受访者的基本信息如表 5-4 所示。从性别结构来看，女性稍多于男性，占 53.7%；从年龄结构来看，则以中青年为主，处在 20~30 岁的顾客居多，占到 60.9%，其次是 30~40 岁的顾客，占到 18.9%；从收入水平来看，低收入水平家庭（小于 4000 元）占 33.1%，中等收入水平家庭（4000~1.5 万元）占 52.5%，高收入水平家庭为（大于 1.5 万元）占 14.4%。从受访者到某一案例商业区距离来看，各属性人数分布较为均匀；而从某一案例商业区的频率来看，则高频率（一个月多次和一两个月一次）人数偏多。

总体来看，本次受访人群属性涵盖社会的各个年龄和阶层，距商业区距离和来商业区的频率也涵盖各种情况。因此，受访者的信息可以充分反映出顾客对案例商业区的环境性能相关属性的看法，符合对案例区环境性能进行分析评价的需求。

表 5-4　受访者基本信息统计

<table>
<tr><th>居民属性</th><th>属性分类</th><th>人数</th><th>百分比（%）</th><th>居民属性</th><th>属性分类</th><th>人数</th><th>百分比（%）</th></tr>
<tr><td rowspan="2">性别</td><td>男</td><td>193</td><td>46.3</td><td rowspan="2">距商业区距离</td><td>外市</td><td>73</td><td>17.5</td></tr>
<tr><td>女</td><td>224</td><td>53.7</td><td>本市，大约距该商业区 3 公里以内</td><td>120</td><td>28.8</td></tr>
</table>

续表

居民属性	属性分类	人数	百分比（%）	居民属性	属性分类	人数	百分比（%）
年龄	20岁以下	14	3.4	距商业区距离	本市，大约距该商业区3~5公里	81	19.4
	20~30岁	254	60.9		本市，大约距该商业区5~10公里	82	19.7
	30~40岁	79	18.9		本市，大约距该商业区10公里以上	61	14.6
	40~50岁	38	9.1	来商业区频率	第一次来	54	12.9
	50~60岁	15	3.6		一两年一次	52	12.5
	60岁以上	17	4.1		半年一次	65	15.6
家庭收入	小于4000元	138	33.1		一两个月一次	106	25.4
	4000~8000元	131	31.4		一个月多次	140	33.6
	8000~1.5万元	88	21.1				
	1.5万~3万元	44	10.6				
	3万元以上	16	3.8				

5.2.2 基于SP调查法的权重体系

根据收集的417份有效数据，利用SAS 9.1.3软件的market模块运用离散选择模型对SP部分各类属性和综合属性（即每类属性中选出一个代表属性）分别进行拟合，具体原理及模型见第4章第4节。

同类属性更加便于人们比较相对重要程度，而类别之间的关系则由综合部分代表，根据综合部分中每类代表属性的相对重要程度将不同类别的属性相对重要性按照相应比值分别进行调整。在此基础上，充分借鉴日本CASBEE环境性能评价的思想，即将环境品质与环境负荷视为同等重要。由于本书将环境品质的评价扩展为经济、社会和环境的综合效益，因此这里将环境品质、社会服务量与环境负荷视为同等重要。然后按这三方面的属性相对重要性之和均为 100%，将经综合属性拟合结果调整后的重要性按照相应比值再进行调整，作为最终的各属性相对重要性结果，即各指标的权重。基于 SP 调查法的模型拟合及属性相对重要性计算结果见表 5-5，综合部分的拟合结果见表 5-6。

表 5-5　基于 SP 调查法的模型拟合及属性相对重要性计算结果

二级指标	商业区环境性能指标	模型系数	显著性水平	属性相对重要性	调整后属性相对重要性
自然环境	绿地覆盖率	0. 20594	0. 0187	0. 077	0. 023
	绿地景观质量	0. 68893	0. 0051	0. 257	0. 078
	水体面积占比	0. 48616	0. 0783	0. 181	0. 055
	水体景观质量	0. 40658	0. 0208	0. 151	0. 046
	人体舒适度	0. 89798	0. 0013	0. 334	0. 102
	Likelihood Ratio:	Pr> Chi-Square= 0. 0075			
人文环境（交通）	公交便利性	0. 12551	0. 0688	0. 076	0. 049
	地铁便利性	0. 43436	0. 0198	0. 533	0. 340
	停车场车位情况	0. 28093	0. 0418	0. 281	0. 179
	道路面占比	0. 04872	0. 0111	0. 049	0. 031
	交通控制管理情况	0. 11045	0. 0594	0. 061	0. 039
	Likelihood Ratio:	Pr> Chi-Square= 0. 0263			
人文环境（安全设施）	治安情况	1. 31328	0. 0348	0. 588	0. 025
	安全设施	0. 18241	0. 0494	0. 082	0. 003
	便民设施	0. 57808	0. 0593	0. 259	0. 011
	开敞空间比例及质量	0. 16018	0. 0509	0. 072	0. 003
	无障碍设施	0. 00000	0. 00000	0. 000	0. 000
	Likelihood Ratio:	Pr> Chi-Square <0. 0001			
人文环境（管理、卫生、审美）	问题及行政事务处理能力	0. 53502	0. 0149	0. 310	0. 004
	街道清扫维护质量	0. 92138	0. 004	0. 534	0. 008
	组合景观美学	0. 17723	0. 0355	0. 103	0. 002
	与周围景观协调性	0. 00000	0. 00000	0. 000	0. 000
	Likelihood Ratio:	Pr> Chi-Square= 0. 0147			

续表

二级指标	商业区环境性能指标	模型系数	显著性水平	属性相对重要性	调整后属性相对重要性
社会服务量	历史文化底蕴	0. 24256	0. 0096	0. 181	0. 181
	在该地区的名气	0. 01068	0. 0981	0. 008	0. 008
	商铺个数及规模	0. 44392	0. 0778	0. 331	0. 331
	业态种类数量	0. 64595	0. 0553	0. 481	0. 48
	Likelihood Ratio:	Pr> Chi-Square= 0. 0397			
土地、交通负荷	建筑覆盖率	-0. 21556	0. 0848	0. 169	0. 116
	车流量情况	-0. 61962	0. 0446	0. 485	0. 333
	本地人流量情况	-0. 01212	0. 0761	0. 009	0. 007
	外地人流量情况	-0. 42971	0. 0028	0. 336	0. 231
	Likelihood Ratio:	Pr> Chi-Square= 0. 0576			
污染负荷	噪声污染情况	-1. 28559	0. 0012	0. 319	0. 099
	光污染情况	0. 0000	0. 0000	0. 000	0. 000
	污水污染情况	-1. 00956	0. 0022	0. 251	0. 078
	粉尘污染情况	-0. 52801	0. 0693	0. 131	0. 041
	气味污染情况	-0. 13854	0. 0092	0. 034	0. 011
	垃圾排放情况	-1. 06767	0. 0121	0. 265	0. 083
	Likelihood Ratio:	Pr> Chi-Square <0. 0001			

表 5-6 综合部分的拟合结果

商业区环境性能指标	模型系数	显著性水平	属性相对重要性
绿地覆盖率	0. 38181	0. 0527	0. 14873
公交便利性	0. 79583	0. 0007	0. 31000
便民设施	0. 18147	0. 0725	0. 07069
街道清扫维护质量	0. 12501	0. 0731	0. 04870
商铺个数及规模	0. 28937	0. 0382	0. 11272
车流量情况	-0. 61212	<0. 0001	0. 23844
噪声污染情况	-0. 18155	0. 0087	0. 07072
Likelihood Ratio:	Pr> Chi-Square <0. 0001		

由拟合结果可以看出，对各类属性和综合属性分别进行的离散选择分析的 Likelihood Ratio 卡方检验均小于或接近 0.05，符合一般性显著水平的要求，即拒绝零假设，表明各类属性和综合属性都会影响顾客对商业区（环境性能）的选择行为。从具体各属性的显著性来看，超过一半指标在 0.05 的显著性水平下均显著不为零，将显著性水平要求降低到 0.1 时，大多数指标通过显著性检验，且模型系数符号均符合预期。但光污染情况、无障碍设施以及与周围景观协调性没有进入模型，说明这三项属性不会对顾客选择商业区（环境性能）造成影响，本书充分尊重人们（受访者）的选择，在后面的评价与分析中将这三项指标剔除。

通过对调整后属性相对重要性即评价指标权重的比较来看，在环境品质方面，自然环境和交通人文环境对人们选择商业区（环境性能）的影响较大，尤其是地铁便利性、停车场车位情况以及商业区小气候（人体舒适度）是人们最为关心的商业区环境品质，分别占环境品质重要性的 34.0%、17.9%和 10.2%。在安全设施人文环境等方面，商业区的治安情况、便民设施和街道清扫维护质量重要性较高，而人们对商业区组合景观美学以及开敞空间比例及质量等方面并不十分重视，其重要性相对较低（见图 5-7）。在社会服务量方面，商业区内业态种类数量是人们最为关心的属性，占社会服务量重要性的 48.0%，而商业区在该地区的名气重要性很低，仅为 0.8%（见图 5-8）。

在环境负荷方面，人们比较关心的如商业区内车流量情况和外地人流量情况，分别占环境负荷重要性的 33.3%和 23.1%。此外，噪声污染情况、垃圾排放情况和污水污染情况也是商业区环境负荷方面十分重要的因素。而人们对本地人流量以及气味污染则不太关心，其重要性相对较低（见图 5-9）。

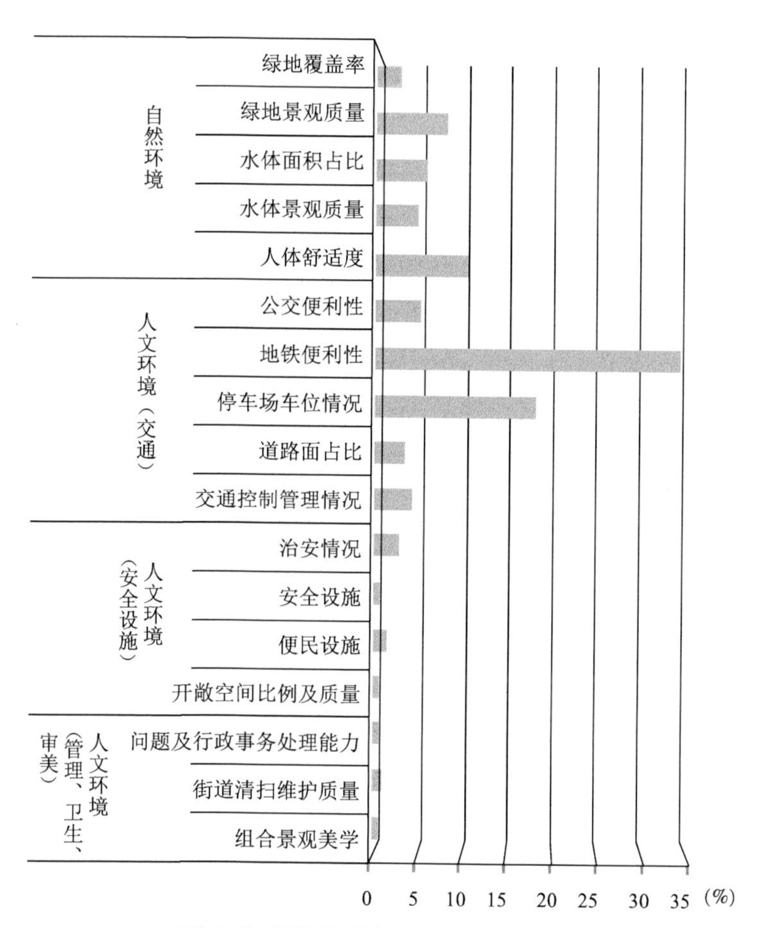

图 5-7 环境品质方面属性相对重要性

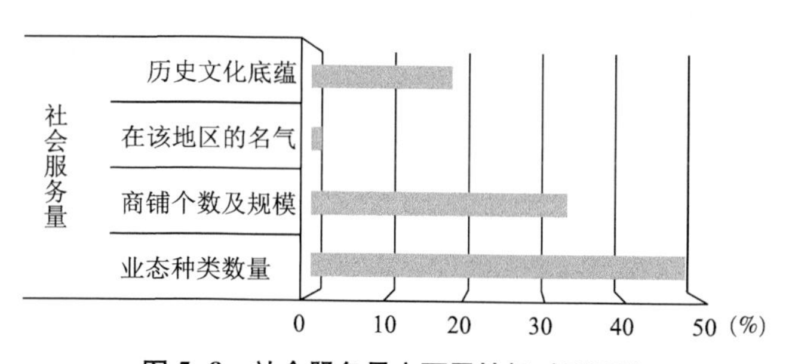

图 5-8 社会服务量方面属性相对重要性

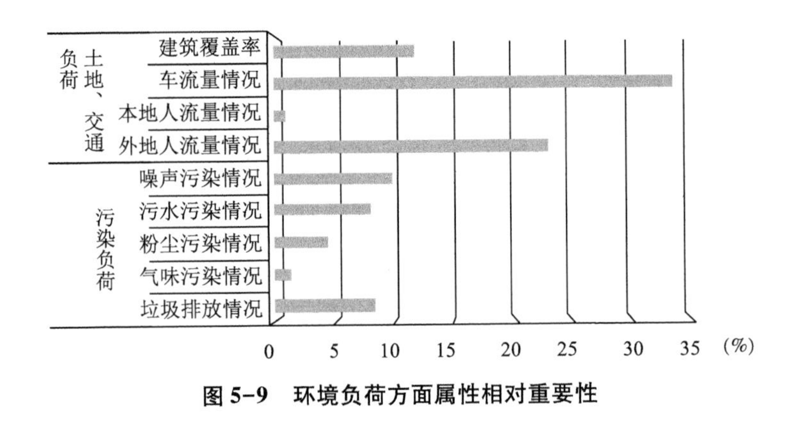

图 5-9　环境负荷方面属性相对重要性

5.3　北京市各类典型商业区环境性能评价

5.3.1　环境性能评价模型构建与计算

根据第 5 章第 1 节第 2 小节中各典型商业区的空间范围，通过遥感判断和 GIS 计算对六个典型商业区的绿地覆盖率、水体面积占比、公交便利性等相关环境性能评价指标进行计算。

环境性能主观指标分数则通过问卷和实地调研得出。在问卷中，受访者被要求根据具体问题对相关指标进行评价，比如根据非常满意、比较满意、一般、比较不满意、非常不满意，或非常舒适、比较舒适、一般、不舒适、非常不舒适等方式进行判断，分别赋予 5、4、3、2、1 的分值。实地调研中，各调研员则根据调研记录表的标准对相关指标进行评分，也采用 1~5 分制。分值采取等权重的方法计算，则典型案例商业区环境性能评价指标得分见表 5-7。

表 5-7　典型案例商业区环境性能评价指标得分汇总

评分因素	单位	魏公村	十里河	西单	新奥	看丹路	回龙观
绿地覆盖率	%	16.10	12.50	24.20	22.70	8.20	11.00
绿地景观质量	评分	3.50	3.75	4.25	4.50	2.50	3.25

续表

评分因素	单位	魏公村	十里河	西单	新奥	看丹路	回龙观
水体面积占比	%	0	0	0	35.5	0	0
水体景观质量①	评分	2	2	4	4.5	1	2
人体舒适度	评分	3.54	3.26	3.79	4.09	2.82	3.41
公交便利性	条	64	38	67	35	29	46
地铁便利性	1（有地铁）；0（无地铁）	1	1	1	1	0	1
停车场车位情况	评分	3	3.5	4	4	2	3.5
道路面占比	%	15.5	19.9	20.6	18.7	12.2	15.8
交通控制管理情况	评分	3.31	3.21	3.42	4.27	2.92	3.12
开敞空间比例及质量	评分	3.25	3.50	4.50	4.50	2.75	3.25
治安情况	评分	3.56	3.34	3.86	4.33	3.11	3.53
安全设施	评分	3.00	3.00	4.00	4.00	2.00	3.00
便民设施	评分	3.33	3.26	3.67	4.27	2.50	3.29
问题及行政事务处理能力	评分	3.35	3.37	3.70	4.20	2.82	3.29
街道清扫维护质量	评分	3.19	3.13	3.65	4.33	2.55	3.27
组合景观美学	评分	3.34	3.25	3.62	4.15	2.82	3.33
历史文化底蕴	评分	2.50	1.50	3.00	3.00	1.50	1.50
在该地区的名气	评分	3.19	3.63	4.54	3.22	2.86	3.25
商铺个数及规模	平方米	183000	850000	925000	245000	10000	400000
业态种类数量	评分	3.25	3.34	3.88	3.73	2.9	3.13
建筑覆盖率	%	63.5	59.2	50.1	16.1	76.4	45.2
车流量情况	评分	2.85	2.89	2.7	1.78	2.57	2.75
本地人流量情况	评分	3.50	3.00	3.50	3.50	2.25	3.75
外地人流量情况	评分	2.00	2.00	3.50	3.00	2.00	2.00
噪声污染情况	评分	3.00	3.03	3.19	2.36	3.21	3.06
污水污染情况	评分	2.75	2.50	2.51	2.00	3.26	2.78
粉尘污染情况	评分	2.98	3.07	2.90	2.22	3.27	3.00
气味污染情况	评分	3.11	3.12	2.95	2.09	3.45	2.73
垃圾排放情况	评分	3.04	2.99	2.79	2.15	3.45	2.90

注：①包括遥感图像难以辨别的小型水景。

根据本书对城市功能区环境性能的界定，商业区环境性能评价模型如下：

$$CEE = \frac{Q + S}{L} = \frac{\sum_{i=1}^{n}(w_i \cdot D_i) + \sum_{j=1}^{m}(w_j \cdot D_j)}{\sum_{k=1}^{c}(w_k \cdot D_k)} \tag{5-1}$$

式（5-1）中，CEE 为某商业区环境性能得分，Q 为环境品质、S 为社会服务量、L 为环境负荷，i、j、k 分别为环境品质、社会服务量和环境负荷的具体评分指标，w 为指标权重，D 为相应指标无量纲化后的具体分值。

由于各指标单位不同、数量级不同，因此在进行环境性能评价计算时，需要对指标进行无量纲化，基于之前的分析，本书选择均值直线型无量纲化法。然后，以 SP 调查得出的指标权重根据式（5-1）进一步计算各商业区环境品质、社会服务量、环境负荷三方面的得分，最终得到各商业区环境性能得分。

5.3.2 典型商业区环境性能评价结果

根据上一小节中环境性能评价模型的构建与计算，得出各典型商业区的环境品质、社会服务量、环境负荷以及环境性能评分，见表 5-8。

表 5-8 典型商业区环境性能评价结果

	魏公村	十里河	西单	新奥	看丹路	回龙观
环境品质	0.9963	0.9930	1.1419	1.4734	0.4050	0.9857
社会服务量	0.8184	1.2547	1.5162	0.9756	0.5528	0.8824
环境负荷	1.0310	1.0186	1.1154	0.7987	1.0608	0.9755
环境性能	1.7601	2.2066	2.3830	3.0661	0.9029	1.9151

借鉴日本 CASBEE 的评价模式，采用可以清晰表示出评价地区的优势与弱势的环境性能图（environmental efficiency）来展现评价结果，由于本书将评价区域内部的环境品质扩展到环境品质与社会服务量，因此环境性能图也相应进行了调整。本书将环境品质与社会服务量之和作为纵坐标，

环境负荷作为横坐标，那么环境性能值大于 2 则为合格标准，见图 5-10。而且本书在此基础上，将环境品质、社会服务量和环境负荷分别作为三个坐标轴，制作了环境性能三维图，更为直观地展示和分析评价结果，见图 5-11。

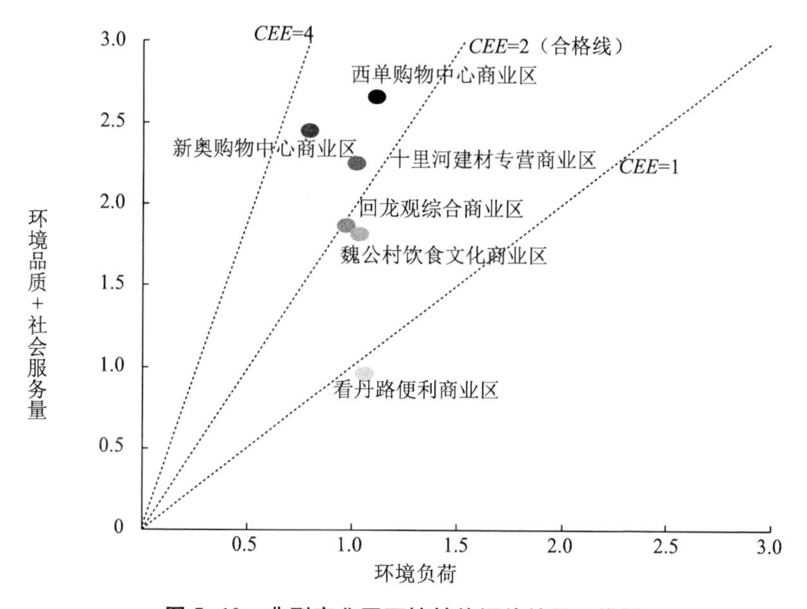

图 5-10　典型商业区环境性能评价结果二维图

从典型商业区环境性能评价结果二维图来看（见图 5-10），当 $CEE=2$ 时，即环境品质与社会服务量之和与环境负荷的两倍相等时，我们认为其环境性能是合格的。位于 $CEE=2$ 左上方的区域表示环境品质和社会服务量之和大于环境负荷的 2 倍，我们认为其环境性能是优良的，越靠近左上方，其环境性能越良好。相反，位于 $CEE=2$ 右下方的区域表示其环境负荷大于环境品质和社会服务量之和的一半，我们认为其环境性能是不合格的，越靠近右下方其环境性能越差。因此，新奥购物中心商业区、西单购物中心商业区和十里河建材专营商业区环境性能合格，其中新奥购物中心商业区环境性能达到 3 以上，属于优良。而回龙观综合商业区和魏公村饮食文化商业区略低于合格线，看丹路便利商业区则远低于合格线，环境性能得分仅为 0.9。

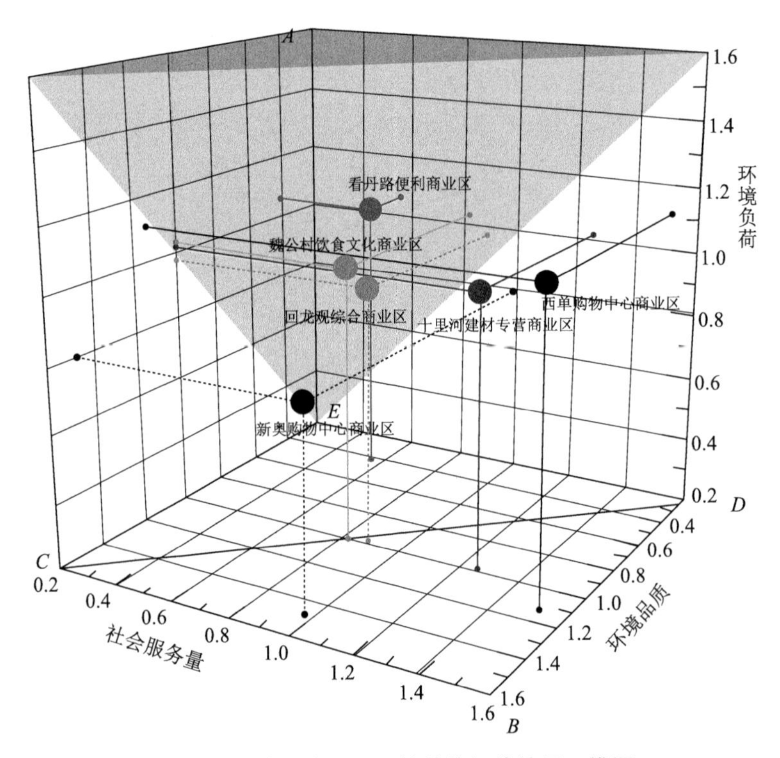

图 5-11　典型商业区环境性能评价结果三维图

从典型商业区环境性能评价结果三维图来看（见图 5-11），用 X 坐标轴表示环境品质，Y 坐标轴表示社会服务量，Z 坐标轴表示环境负荷，则灰色椎体部分的环境性能为不合格，越靠近 A 点环境性能越差，越靠近 B 点环境性能越好。因此，与二维图的分析结果相同，看丹路、魏公村和回龙观商业区的环境性能不合格。三维图中的 ACE 面反映环境品质与环境负荷的关系（环境负荷的环境品质效率），越靠近 A 点环境品质越差、环境负荷越高，越靠近 C 点则环境品质越好、环境负荷越低，而灰色区域，环境负荷大于环境品质，为不合格。因此可以看出，新奥购物中心商业区的投影点落到了白色区域内，属于合格，西单和回龙观勉强合格，而其他商业区不合格。可以看出，有些商业区虽然环境品质较高，但其环境负荷也很大，导致环境品质方面的环境效率并不很高，如西单购物中心商业区，环境品质较高，为1.14，环境负荷也较高，为1.12。*ADE*面反映社会服务量与环境负荷的关系（环境负荷的经济社会效率），新奥购物中心商业区、西单购物中心商业区和十里河建材专营商业区的投影点落到了白色区域内，即商业区的社会服务量大于环境负荷，社会服务量方面的环境效率合格，另外三个商业区则不合格，也就是说商业区产生了一定环境负荷，但没有带来与之相当的经济社会价值。*BCD*面反映环境品质与社会服务量的关系，可见购物中心型商业区（西单、新奥）这两方面普遍比其他类型的商业区高，看丹路便利商业区则比其他类型都低。

由此可见，本书所选择的环境性能测评方法充分体现了其与环境质量评价和环境影响评价的差异性。环境优美的地区，其环境性能不一定好；环境影响较大的地区，其可能会带来较大的环境品质和社会经济价值。这可以纠正人们日常评价地区环境时，仅考虑其环境品质优劣或环境影响大小的误区，使人们同时考量资源环境所承担的压力，更全面深刻地认识地区的环境性能。从效率的角度来看，本书所定义的环境性能既体现了一般环境效率评价的社会经济效率，也体现了日本CASBEE环境性能评价的环境效率。因此，环境性能评价的结果一方面可以为城市功能区的环境诊断提供有力的依据；另一方面通过分析影响城市功能区环境性能的一般因素和城市功能区环境性能的空间分布，对于城市的规划管理起到借鉴作用。

5.3.3 不同群体对典型商业区环境性能的评价结果

商业区环境性能的评价与群体的社会属性有很大关系，不同社会属性的群体对商业区环境性能有不同的需求和体验。而本书的评价体系，大多数指标是从以人为本的角度，让受访者主观地进行评价。因此，有必要进一步分析不同群体对商业区环境性能评价的差别。

1. 不同性别群体对商业区环境性能的评价

性别作为受访者的基本属性，在总的比例上基本符合1∶1的要求。通过男女受访者对典型商业区环境性能的评价，分别进行环境性能的计算。计算时，将问卷主观评价的部分按照每类人群的评价分数分别进行替换，而客观数值和考察评价部分则不变。SP 权重部分考虑到对问卷数量的要求没有按照人群重新进行计算，否则可能会由于样本量过少引起回归系数偏差较大，反而会影响权重的可信度，从而影响评价结果的准确性。不同性别群体对典型商业区环境性能评价见表 5-9。

表 5-9　不同性别群体对典型商业区环境性能评价

典型商业区	性别	数量	环境品质	社会服务量	环境负荷	环境性能
魏公村饮食文化商业区	男性	37	0.999	0.818	1.009	1.800
	女性	48	0.994	0.818	1.026	1.765
十里河建材专营商业区	男性	40	1.005	1.267	1.098	2.070
	女性	36	0.980	1.241	1.046	2.123
西单购物中心商业区	男性	45	1.144	1.525	1.117	2.390
	女性	39	1.138	1.502	1.090	2.422
新奥购物中心商业区	男性	19	1.476	0.984	0.801	3.072
	女性	36	1.472	0.969	0.788	3.099
看丹路便利商业区	男性	29	0.404	0.562	1.019	0.948
	女性	37	0.406	0.546	1.075	0.885
回龙观综合商业区	男性	23	0.986	0.895	0.982	1.915
	女性	28	0.986	0.873	0.949	1.960

总体上，男性对案例商业区环境性能评价的均值为 2.031，女性为 2.043，两者相差仅 0.012 分，对商业区环境性能评价差别不明显，女性较男性的评价略高。

具体来看，在环境品质与社会服务量方面男性的评价反而普遍高于女性，说明女性在这两方面要求略高，如对商业区的档次、安全设施的要求。这恰恰说明在日常生活中，女性更倾向于在高品质的商业区购物、休闲。而在环境负荷方面，针对大型的商业区（十里河、西单、新奥、回龙观）男性普遍比女性认为商业区环境负荷更高，说明男性对车流量、人流量、噪声污染等方面的环境负荷耐受性比女性要差，对其要求比女性要高；而在小型商业区（看丹路、魏公村），女性则比男性高，可能是由于女性日常生活买菜、购买家庭日用品等常去这些地方，对其环境负荷要求较为苛刻。

2. 不同收入群体对商业区环境性能的评价

问卷中受访者的收入按照家庭月收入分为 4000 元以下，4000～8000 元，8000～1.5 万元，1.5 万～3 万元，以及 3 万元以上。这里将家庭月收入合并为三个等级，4000 元以下为低收入，4000～1.5 万元为中等收入，1.5 万元以上为高收入。看丹路便利商业区由于高收入案例太少，将其归入中等收入中，形成中高收入群体（见表 5-10）。

表 5-10　不同收入群体对典型商业区环境性能评价

典型商业区	收入	数量	环境品质	社会服务量	环境负荷	环境性能
魏公村饮食文化商业区	低	20	0.962	0.845	1.018	1.776
	中	43	0.967	0.814	1.026	1.735
	高	22	0.956	0.792	1.041	1.679
十里河建材专营商业区	低	13	0.964	1.232	1.006	2.183
	中	49	0.961	1.231	1.020	2.149
	高	14	0.947	1.164	1.013	2.084
西单购物中心商业区	低	35	1.102	1.337	1.131	2.155
	中	43	1.106	1.489	1.086	2.389
	高	6	1.107	1.477	1.166	2.216
新奥购物中心商业区	低	27	1.414	0.973	0.805	2.968
	中	22	1.420	0.977	0.808	2.967
	高	6	1.430	0.938	0.700	3.382
看丹路便利商业区	低	32	0.397	0.565	1.178	0.816
	中高	34	0.399	0.555	1.070	0.892
回龙观综合商业	低	11	0.949	0.866	0.958	1.895
	中	30	0.954	0.877	0.965	1.898
	高	10	0.949	0.869	1.009	1.802

从整体平均值来看，就案例商业区而言，低收入、中等收入和高收入群体商业区环境性能评价分数分别为 1.229、1.240 和 1.235，说明低收入

群体对商业区环境性能满意度较低，可能是由于商业区在规划建设时，对低收入群体的关注较少，如商业区周边的便利性设施和安全设施等方面，不同收入群体对其要求是不同的。

具体来看，对于购物中心型商业区和便利型商业区，基本上收入越高，对其环境性能的评价越高；对于其他类型的商业区，收入越高则评价越低。可能是购物中心商业区对低收入群体的关注不够，且低收入群体对便利型商业区的要求较高；而对其他类型的商业区则可能是由于高收入群体的要求较为苛刻。

3. 不同年龄群体对商业区环境性能的评价

由于到商业区进行购物、休闲的人群以年轻人为主，且受访者样本多为40岁以下的青年人，达到64.3%，为避免其他年龄的样本量过少引起的偏差，本书不对不同商业区分别进行统计评价，仅对典型商业区环境性能评价的平均值做比较分析（其他非主观评分也采用平均值）。本书将受访者按照年龄分为三组：年龄小于30岁的青年人、30~50岁的中青年人和50岁以上的中老年人。

表 5-11　不同年龄群体对商业区环境性能评价均值

年龄	数量	环境品质	社会服务量	环境负荷	环境性能
30岁以下	268	1.015	1.018	0.972	2.092
30~50岁	117	1.002	0.994	1.019	1.959
50岁以上	32	0.979	0.988	1.009	1.950

从表5-11中可以看出，随着年龄的增长人们对城市商业区环境性能的评分越来越低，也就是对环境性能的要求越来越高。可能的解释是，随着年龄的增长，人们对环境的适应性越来越差。具体来看，环境性能的环境品质和社会服务量方面的评分也都是随着年龄增长越来越低，环境负荷方面则30~50岁的中青年人认为案例商业区环境负荷最高，即对环境负荷耐受性较差，青年人耐受性则最高。这样看来，以为中老年人服务为主的商业区需要更高的环境性能以满足其需求。

6　北京市商业区环境性能空间格局及其问题分析

本书第 5 章中根据问卷调研和实地考察，对各类商业区典型案例的环境性能进行了计算和分析。本章基于同质性假设，在典型案例的评价结果的基础上，探讨北京市全部商业区环境性能及其空间格局。

此外，人口与商业区的协调发展，直接关系到商业和城市空间格局的优化以及居民生活品质的提高。因此，基于全市商业区环境性能空间格局分析商业区的服务范围，再根据人群特点进一步解析北京市商业区环境性能空间分布的问题。

6.1　北京市商业区环境性能估算方法

通过本书的商业区识别方法，北京市共识别出 1000 余个商业区。如若逐一进行考察、调研，工作量巨大，难以实现。本书通过前期的调查，认为同种类型商业区具有相同的特质，在环境品质、社会服务量和环境负荷等方面有一定的共性；不同类型的商业区则有明显的差异，如便利型商业区环境品质和社会服务量较低，但环境负荷却很高，导致环境性能较差；购物中心型商业区环境品质较高，社会服务量也很高，远远高于其他类型的商业区，但其环境负荷也较重，环境性能则没有我们期待的那么高。因此，本章从同质性的角度出发，根据商业区的功能类型对北京市全部商业区环境性能进行估算。

同时，由第 5 章 SP 调查权重的计算结果可以看出，环境品质、环境负荷和社会服务量的部分关键的影响因素可以通过客观数据获得。在环境品质方面，地铁便利性的相对重要性为34.0%，公交便利性为4.9%；商铺个数及规模占到社会服务量重要性的33.1%；在环境负荷方面，本地和外地人流量情况则占其重要性的23.8%。因此，在同质性的基础上，为尽量提高各个商业区环境性能评价的准确性，将表6-1中的关键评分因素用每个商业区自身的数值进行替代，而其他评分因素则用该类商业区典型案例区的数值进行替代，估算北京市各商业区的环境性能。

表6-1　环境性能主要客观评分因素

一级指标	评分因素	占一级指标的相对重要性（%）
环境品质	公交便利性	4.9
	地铁便利性	34
社会服务量	商铺个数及规模	33.1
环境负荷	本地人流量情况	0.7
	外地人流量情况	23.1

公交和地铁便利性与典型商业区的计算方法一样，分别采用商业区中心点1千米范围内的公交线数量，以及该范围内是否有地铁站，进行估算。在社会服务量方面，商铺个数及规模则直接采用前文计算的各商业区的商业活动量。

环境负荷方面的本地人流量情况和外地人流量情况的估算是商业区环境性能估算的难点。人流量是一个动态的时空数据，而城市内部微观的人流量数据则更难测算。但近年来，随着互联网的发展，Facebook、微博等平台为人们提供了很好的展示和交流的平台，这些平台的定位签到功能为人们展示其所处空间位置和状态提供了很好的工具，提取该数据则可以很好地展现和分析人流量的空间分布。当然该数据也存在一定偏差，主要包括使用该工具的人群属性比较窄，以及由于心理原因导致签到地点有偏差等。但是，对于商业区来说，人群属性和地点偏差对签到的影响并不大。

基于以上分析，本书利用开源大数据——新浪微博的签到空间数据进行人流量的空间估算，所用数据为2013年北京市新浪微博的所有空间签到数据，该数据共143576个签到点，868000000多条签到记录。从签到分布图来看，北京市签到人口多分布在五环内，并且沿地铁线呈现空间集聚的现象。由于签到数据难以体现签到个体的属性，因此本书将本地人流量情况和外地人流量情况统一进行估算，即将人流量情况作为环境负荷的主要因素，占环境负荷23.8%的重要性，统计各商业区空间范围内的签到记录总数作为人流量情况数据。

最后，根据式（5-1），利用获得的环境性能主要客观评分因素数据，以及第5章获得的各类典型商业区的调查数据（购物中心型商业区用西单和新奥商业区调查数据的均值），估算北京市全市商业区的环境性能。

6.2 北京市商业区环境性能空间分布格局

6.2.1 北京市商业区环境性能整体分布特点

根据上一节的估算方法，可得到北京市各商业区环境性能空间分布图①。从商业区环境性能空间分布来看，环境性能评分较差的商业区主要是分布在二环和三环附近的规模较大的商业区，如王府井商业区、地安门附近商业区、大望路附近商业区等；以及五环外的一些面积较小的商业区，如清华园附近商业区。评分较高的商业区多分布在四环附近。同时，城北商业区的环境性能普遍高于城南。

6.2.2 环境性能构成要素的空间分布特点

具体分析构成商业区的环境品质、社会服务量和环境负荷三大要素的

① Wang Fang，Li Yan，Gao Xiaolu. A SP survey-based mathod for evaluating environmental performance of urban commercial districks：A case study in Beijing［J］. Habitat International，2016，53（53）：284-291.

空间分布。从环境品质来看，其评分总体上呈现由市中心向周围梯度递减的态势，城北区主要在五环外，环境品质呈现下降趋势，城南区则在四环外明显下降。从社会服务量来看，社会服务量高的商业区主要分布在四环内及四环附近，呈向心型分布，并且沿城心向外延伸的主要道路集结；服务量较低的商业区则分布较为分散。环境负荷的空间分布也大致呈同心圆的趋势，由市中心向周围降低，环境负荷较大的商业区多数分布在二环内和三环内，如西单、王府井、朝外等大型商业区；环境负荷较低的商业区多分布在四环外尤其是五环外的地区，同时规模较小的商业区其环境负荷也普遍较低①。

由此看来，虽然北京市二三环附近商业区环境品质和社会服务量普遍较高，但其环境负荷也很大，如建筑密度高、土地负荷大，人流量、车流量多导致交通负荷高，环境性能不仅不高，反而普遍很低。而北京市五环外的大部分商业区，虽然环境负荷不高，但其环境品质和社会服务量也较低，因此这些商业区的环境性能也低。然而，在四环附近以及城北五环附近的一些商业区，在环境品质较好、社会服务量较高的前提下，环境负荷并不大，从而拥有较高的环境效率，这些商业区环境性能评分较高。

6.3 基于商圈的环境性能空间格局及问题分析

城市商业空间的布局不仅要适度集中，以实现规模效益，也要适应人口的分布，适度分散布局，接近顾客。不仅要提高经济效益，也要提高社会和环境效益。并且，一定规模的人口是商业空间形成的必要条件。因此，商业区空间结构优化的研究，要充分考虑商业区与居民空间分布的匹配性，以及在这种匹配情况下的商业区环境性能的空间格局问题。

上一节中探讨了北京市商业区环境性能的基本空间格局，但这种空间

① Wang Fang, Li Yan, Gao Xiaolu. A SP survey-based mathod for evaluating environmental performance of urban commercial districks: A case study in Beijing [J]. Habitat International, 2016, 53 (53): 284-291.

格局存在什么问题？会对居民的生活产生什么影响？这些问题的解决，需要进一步考虑商业区与人口的匹配性。因此，本节根据商业吸引顾客的地理空间范围，即商圈，分析商业区与人口的空间匹配性，将该匹配性因素考虑到环境性能空间格局中，从以人为本的角度有针对性地对北京市商业空间结构的优化提出建议和意见。

6.3.1　数据收集与处理

城市商圈是由众多商业企业集聚在一定区域内进行经营活动，产生的对消费者的吸引而形成的空间范围（王海忠，1999；陈杜军，2012），本书所指的商业企业集聚区则为城市商业区。那么城市商圈则是由商业区主体和消费者客体，以及环境、交通等多要素共同组成的。

城市商圈的划分和界定实际上是复杂条件下多地理实体空间影响范围划分问题。人口是商圈得以建立和发展的基础，而商业区规模等级则直接影响着商业区的吸引力。因此商圈空间划分需要包括商业区和人口方面的相关数据。其中，商业区的空间位置和规模等已经在前文进行了详细的分析研究，人口分布数据的获取和处理则是此部分研究的基础和关键。以往的研究囿于数据获取的困难，在实证研究方面多采用宏观尺度的商业区吸引力（柳思维、吴忠才，2009；李永浮等，2014）。本书试图在微观尺度的实证研究上进行突破。城市人口的基本集聚单元为住宅，且住宅周围的商业配置直接影响着人们的生活品质，因此用住宅小区人口代表集聚区，测算住宅小区人口，在居住小区的微观尺度上研究北京市各商业区的商圈空间格局。

住宅小区的数据通过搜房网（http：//www. soufun. com）和安居客网（http：//beijing. anjuke. com）的信息搜索获取，搜索这两个网站发布的北京市中心城区和近郊区全部二手房居住小区的详细资料（获取时间为2012年6月）。其属性包括容积率、建筑面积、用地面积等，为尽量保留数据量，部分缺少建筑面积的样本通过容积率和用地面积之积进行补充，最后共获得 4942 个小区样本，通过空间匹配得到北京市居住区空间分布图①。同时，获取了北京市第六次人口普查的街道人口数据、北京市街道空间数据等。

根据获取的居住小区和街道人口数据，按照面积权重内插法的思想，假设同类型用地的人均面积权重相同，根据目标区内各个源区所占面积的百分比来确定目标区某个属性值。该方法对于从整个城市或者城市的大片区域等中观以上尺度反映城市人口空间特征的实证研究效果较好（张子民等，2010；戚伟等，2013）。本书以相应住宅小区的建筑面积为基本权重，以相应街道作为源区域把人口数分摊到各人口集聚区上，得到人口权重：

$$P_i = P_j \cdot \frac{S_i}{\sum_{j=1}^{n} S_j} \tag{6-1}$$

式（6-1）中，P_i 是 i 小区的人口权重，P_j 是 i 小区所在街道 j 的总人口，S_i 为 i 小区的建筑面积，S_j 则为 i 小区所在街道 j 的各小区的建筑面积，n 为 i 小区所在街道 j 的小区数量。

6.3.2 基于商圈的环境性能研究方法

1. 哈夫模型

商圈具有不同等级的层次性，消费者会根据购物机会使用不同商圈，影响消费者对商店进行空间选择的诸种因素，可以用经典的哈夫模型来表示（吴小丁，2001；王法辉，2006）。

哈夫模型是美国加利福尼亚大学的经济学者哈夫教授于 1963 年提出的关于预测城市区域内商圈规模的模型（Huff，1963，2003）。其认为：从事购物行为的消费者对商店的心理认同是影响商店商圈大小的根本原因，商店商圈的规模与消费者是否选择该商店进行购物有关。通常而言，消费者更愿意去具有消费吸引力的商店购物，这些有吸引力的商场通常卖场面

① 王芳，高晓路. 北京市商业空间格局及其与人口耦合关系研究［J］. 城市规划，2015，39（11）：23-29.

积大、商品可选择性强、商品品牌知名度高、促销活动具有更大的吸引力；相反，如果前往该店的距离较远，交通系统不够通畅，消费者就会比较犹豫。因此，哈夫模型的核心论点便是：商店商圈规模大小与购物场所对消费者的吸引力成正比，与消费者去消费场所感觉的时间距离阻力成反比。商店等购物场所各种因素的吸引力越大，则该商店的商圈规模也越大；消费者从出发地到该商业场所的时间越长，则该商店商圈的规模也就越小。哈夫模型的公式为：

$$P_{ij} = S_j d_{ij}^{-\beta} / \sum_{k=1}^{n} (S_k d_{ik}^{-\beta}) \quad (6-2)$$

式（6-2）中，P_{ij}为消费者i（这里指居住区i）选择商业区j的概率，S为商业区规模，d为距离，k为所有有可能的选择，β（$\beta>0$）是摩擦系数。

本书中，将居住小区作为商业区对人口吸引的基本分析单元，计算各居住小区选择某个商业区的概率。以 ArcGIS 10.0 作为平台，添加 Market Analysis with the Huff Model tool，通过 typhoon 语言的编写，将其嵌入 ArcGIS 10.0 工具中实现 Huff 模型的分析应用。

2. 商圈的确定

根据哈夫模型，确定各商业区对各居住小区的吸引力，从而确定各商业区基于居住小区尺度的商圈。然而，现在获得的是以小区为单位的商业区吸引范围，表现为空间离散的点数据，为了更好地体现各商业区地理覆盖范围，有必要将小区的分析结果拓展到面域空间。

泰森多边形对于将点的特征拓展到面域具有较好的效果（朱求安等，2005），有许多学者尝试采用 Voronoi 图来确定地理实体的空间影响范围（Guruprasad et al.，2013；Man et al.，2012；Zhao et al.，2012）。因此这里利用 ArcGIS 平台 Voronoi 功能，将点状要素的属性转化为面状的图层属性，并将受同一商业区吸引的面状要素进行空间的归并，最终获得各商业区的商圈空间分布格局。

3. 基于商圈的环境性能研究

根据哈夫模型的分析，各商业区的商圈所服务的人口数量不同，同时各商业区环境性能也不同。那么通过该商业区环境性能与对应商圈服务人口的比值，则可获得各商业区人均环境性能得分，根据该得分可客观地分析商业区环境性能空间格局存在的问题，以及对居民的生活产生的影响。具体公式如下：

$$PCEE_i = CEE_i / P_i = CEE_i / \sum_{j=1}^{n} p_j \tag{6-3}$$

式（6-3）中，$PCEE_i$ 为商业区 i 的人均环境性能评分，CEE_i 为商业区 i 的环境性能，P_i 为商业区 i 对应商圈所服务的总人口，p_j 为商圈内各居住小区人口。

6.3.3 各类商业区环境性能空间格局及问题分析

根据哈夫模型商圈的确定方法和基于商圈的环境性能的研究方法，可以得到各类商业区所对应的商圈，以及基于商圈的各类商业环境性能的空间分布格局。在此基础上，我们深入剖析各类商业区空间布局的不足，以及各类商业区环境性能在空间方面存在的问题。

1. 饮食文化型商业区

饮食文化型商业区主要集中在三环和四环附近，因此该类商业区的商圈在三四环附近面积较小，五环外面积较大。从商圈服务人口数量来看，石景山区的苹果园街道、广宁街道、金顶街道，海淀区的西北旺镇、上庄镇，朝阳区的来广营街道等饮食文化型商业区对应的服务人口较多；此外，五环内的部分地区虽然商圈服务面积不大，但其覆盖人口较多，如万寿路、车道沟、刘家窑附近等[①]。由于该类商业区的主要功能就是为附近居民提供餐饮服务，因此随着现代城市人口郊区化的发展和人们对餐饮服务需求的提升，这些地区亟须配套一定数量的饮食文化型商业区；同时，从市场角度来看，这些地区也有着巨大的市场潜力。

从饮食文化型商业区基于商圈的环境性能空间格局来看，该类商业区

---

① 王芳，牛方曲，王志强. 微观尺度下基于商圈的北京市商业空间结构优化［J］. 地理研究，2017，36（9）：1697-1708.

在四环外的人均环境性能普遍较低，在四环内的人均环境性能较高，如三里屯、左家庄、什刹海、健德门附近；但也存在不少人均环境性能较低的商业区，如东四十条附近，其商圈覆盖人口并不多，但人均环境性能也不高。这就说明四环内的饮食文化型商业区主要需要提升商业区的环境性能，四环外尤其是五环外则在提升环境性能的同时，需要在商圈服务人口多的地区增加一定的饮食文化型商业区。

2. 专营型商业区

专营型商业区由于商品专业性强，主要为特定消费群体提供特色商品，主要包括家电电子商场和家居建材市场。由于该类商业区在五环外也有较多分布，尤其是南城，因此其所对应的商圈覆盖面积与其他类型商业区相比较为均匀①。从商圈覆盖人口数量来看，石景山大部分地区和朝阳区的部分街道，如常营、管庄等，人口数量较多。

通过前文的调研和分析可知，专营型商业区环境负荷较大，环境品质也不高；同时，该类商业区所销售的商品并不是居民日常生活所必备的消费耐用品，居民并不需要经常性地购物，商业区对人流量的要求也不高。因此，专营型商业区并不适合在中心城区和人口较为密集的地区布局，如二三环附近人均环境性能较小的专营型商业区，应该引导其向城市外围地区迁移。

3. 购物中心型商业区

购物中心型商业区是融游、购、娱等为一体的商业区，娱乐和其他设施配套完备，可以实现消费者多目的消费，与居民日常生活关系密切。从该类商业区商圈服务空间范围来看，城市中心区、交通便利的地铁站和主要道路周围的商业区所服务的商圈面积较小，而海淀区西北部部分地区，如西北旺镇、青龙桥街道等，以及丰台区的部分街道，如长辛店、王佐镇等，商圈面积较大。从商圈覆盖的人口数量来看，五环外的海淀区、通州

---

① 王芳，牛方曲，王志强. 微观尺度下基于商圈的北京市商业空间结构优化［J］. 地理研究，2017，36（9）：1697-1708.

区和顺义区的部分街道，覆盖人口数量较多。而这些地区作为城市郊区化发展的前沿，分布着较多居住小区，因此为满足居民高品质的生活需求，需要配套一定数量和规模的购物中心型商业区。最重要的是，要加强这些地区的城市交通，尤其是轨道交通的建设，从而直接引导商业区的入驻和发展。

需要关注的是，五环内也有个别地区购物中心型商业区的商圈覆盖人口数量过多，如新街口附近，这些地区商业区数量和规模已经较大，但由于服务人口数量过多，其优化的主要方向应在微观尺度上进行人流和车流的疏导，降低环境负荷，提升环境性能，从而提高商业区的社会、经济和环境效率[①]。

从购物中心型商业区人均环境性能的空间分布来看，四环附近部分商业区较高，而五环外和三环内的大部分商业区较低[②]。五环外由于购物中心商业区较少，导致人均环境性能较低。因此，五环外应主要引导购物中心型商业区和人口郊区化及时配套。而针对三环内的购物中心型商业区，由第5章的分析可知，该类商业区环境品质和社会服务量较高，其主要问题是环境负荷较高，因此三环内该类商业区主要优化方向应为疏导人流、车流，减少商业区的各类污染等，从而提高环境性能。

4. 便利型商业区

便利型商业区是为附近居民提供便利性商品和服务的商业区，由于本研究以街区作为基本单位进行空间识别，因此，这里指的便利型商业区是指规模较大的便利型商业区。便利型商业区空间分布比较分散，各商业区商圈面积比较均匀[③]。从商圈对应的服务人口数量来看，三环内以及五环外的部分地区较大，由于三环内购物中心型商业区的替代作用，因此该类商业区实际需求量较小；而五环外部分商圈所服务人口数量多且购物中心型商业区和便利型商业区较少，如朝阳区管庄、常营、三间房等街道，因

---

①②③ 王芳，牛方曲，王志强．微观尺度下基于商圈的北京市商业空间结构优化［J］．地理研究，2017，36（9）：1697-1708.

此这些地区应配套一定的便利型商业区。

便利型商业区人均环境性能方面城南普遍高于城北，这类商业区环境品质和社会服务量差别不大，主要是因为城北便利型商业区比城南少，并且城北人口普遍比城南多。由第5章的分析可知，便利型商业区环境性能较低，环境品质较差，环境负荷也较高。所以，未来应加强城北地区，尤其是商圈服务人口数量较多地区的便利型商业区的配套建设，同时应注意提升该类商业区的环境性能；而对已建成的便利型商业区，主要加强对其环境性能的调控优化。

5. 综合型商业区

综合型商业区业态齐全、职能综合、档次中等，既为周边社区提供日常生活服务，也为该区域上班的工作人员和途经该区域的人员提供便利服务。该类商业区主要布局在城市居住区附近和人流相对集中的区域。从商圈服务面积来看，综合型商业区五环外面积较大，尤其是海淀区北部和昌平的部分地区。从商圈服务人口数量来看，仍旧是五环外服务人口较多；此外，四环附近部分地区综合型商业区服务人口数量也较多，并且附近购物中心型商业区的替代服务也不够，如黄渠西附近、马官营附近等①。

从综合型商业区人均环境性能来看，四环外普遍偏低，因此，这些地区需要合理地引导综合商业区的建设，尤其是附近没有购物中心型商业区替代服务的地区。比较特别的是，南城部分地区并不缺乏综合型商业区，商圈服务人口数量也不多，但其人均环境性能较差，如丰台区的大红门街道、马家堡街道的部分地区。这主要是由于商业区本身的环境性能较差，因此未来需要提升商业区自身环境品质，降低环境负荷，提高人均环境性能。

① 王芳，牛方曲，王志强. 微观尺度下基于商圈的北京市商业空间结构优化［J］. 地理研究，2017，36（9）：1697-1708.

7　北京市商业区环境性能调控和空间优化

7.1　城市商业区环境性能调控和空间优化的目标

我国作为能源消耗量巨大的发展中国家，面临着经济发展和环境保护的双重压力，城市作为实现可持续发展目标的前沿阵地，提出了低碳城市和紧凑城市等发展目标。同时，随着我国城市步入消费型阶段，商业成为城市中心区的最主要职能之一，而商业区承担着商业服务、居民消费和地面交通等碳排放量较大的城市功能，且商业空间会产生光污染、噪声污染等环境问题。因此，有必要对商业区进行环境性能的调控和空间的优化，分别从相对微观和宏观角度提出切实可行的规划、建设、管理等方面的政策建议，促进商业和城市的良性循环。

1. 城市商业区环境性能调控的目标

城市商业区环境性能调控，是从相对微观层面，根据各类商业区的环境性能评价结果，针对商业区内部进行规划、管理，以促进商业区的发展。

一方面，推动商业区自身的发展。环境性能较高的商业区，在产生同等资源环境压力的同时，会提供更高的环境品质和社会、经济价值。商业区提高自然、人文等方面的环境品质会改善商业形象，吸引更多的顾客，从而提高销售额；商业区提升自身的知名度和文化内涵，扩展业态，会吸引更多商户入驻，推动商业区发展；而从交通、资源、污染等方面减少商业区的环境负荷则为商业区在倡导低碳城市的大背景下提供了可持续发展的思路。这三方面相互促进，推动了商业区健康、快速发展。

另一方面，改善居民的生活质量。随着经济发展、社会进步，居民的生活水平越来越高。居民对于商业区的要求不再单单是满足商品买卖的需求，更将其作为休闲、娱乐、精神交流、观赏的重要场所；人们不仅会因为购物而来，甚至会因认同这个商业区所传达的历史文化底蕴或现代美学精神而来。因此，商业区环境性能的调控应向良好的环境品质、完善的配套设施、丰富的业态选择等方向进行，从而改善居民的生活质量。

2. 城市商业区空间优化的目标

城市商业空间结构优化，是从相对宏观层面上对商业空间结构加以调整，以使城市土地资源的配置达到最佳状态，实现社会、经济、环境各方面效益最大化，促进城市商业的可持续发展和城市的良性循环。具体而言，其意义主要包括以下几个方面：

第一，提高土地利用效率。土地提供了商业活动所需要的基本空间，而土地作为一种自然综合体，是一种稀缺的资源，它具有位置固定性和用途的多方向性等特点，且土地存在极差地租收益。而商业区对区位的敏感度高、付租能力强，中心城区地价最高的地方往往都被商业所占据，然而这些地方由于历史等原因还存在居住区、办公区等，导致土地利用不经济。因此对城市商业空间进行优化，有助于提高土地利用效率。

第二，促进城市经济快速发展。城市商业空间结构一方面是社会经济活动的表现，另一方面也是城市进一步发展的基础，该结构是否合理，是否地尽其用，将影响到城市集聚经济的效益能否最大化。只有合理地配置经济活动资源，才能促进城市商业的发展，促进集聚经济的发展，使城市经济发展由粗放型向集约型转化，提高效率（罗彦、周春山，2005）。

第三，促进低碳、紧凑城市目标的实现。低碳城市、紧凑城市是现代城市实现可持续发展的愿景和途径。城市商业区如何布局，布局密度怎么样，交通等公共设施如何配置，如何与其他功能区匹配、混合等问题都直接影响着城市的地面交通、商业活动等碳排放强度。因此，合理地布局城市商业区，可以有效地促进低碳城市、紧凑城市目标的实现。

第四，提高城市宜居性。城市居住区和商业区是居民日常生活的两个主要的场所，居住区和商业区的空间匹配直接关系到市民购物的便利性和舒适性。所以，满足居民日益增长和不断升级的消费需求，商业区与居住区空间良好地匹配，可以直接提高城市的宜居性。

7.2 不同类型商业区的环境性能调控方向

第5章中对典型商业区的环境性能进行了评价，在此基础上，我们进一步详细剖析造成各典型商业区环境性能差异性的原因，进而为总结影响环境性能的关键因素及改善商业区的环境性能提供参考。根据环境性能各评分因素的得分和权重，得到各评分因素的贡献率，如图7-1、图7-2、图7-3所示。

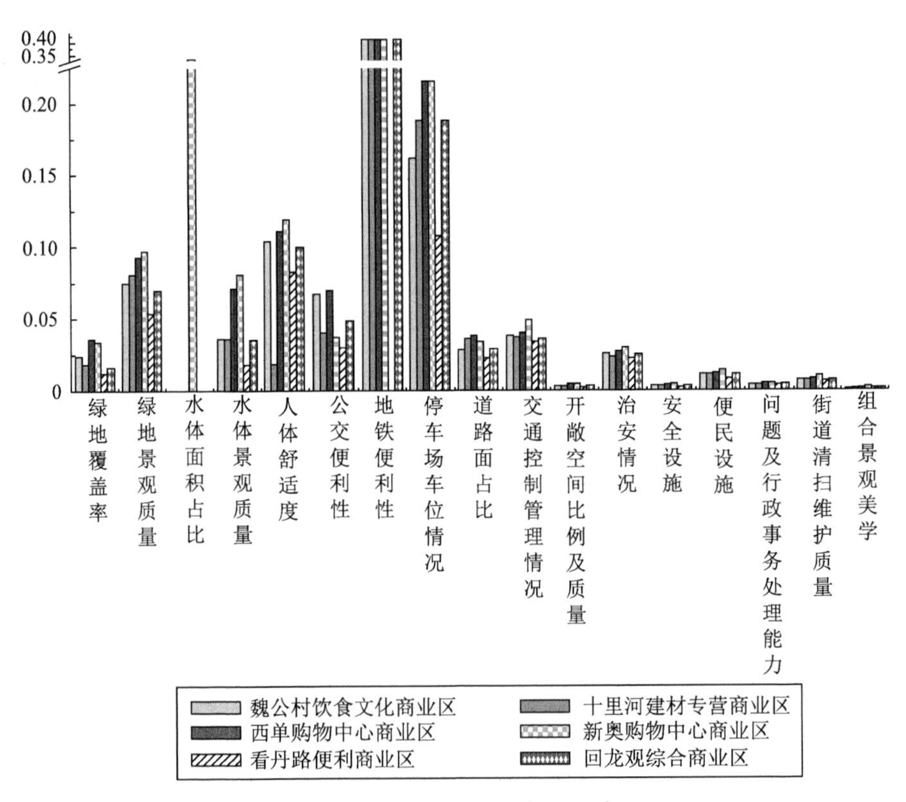

图7-1 环境品质各指标贡献率

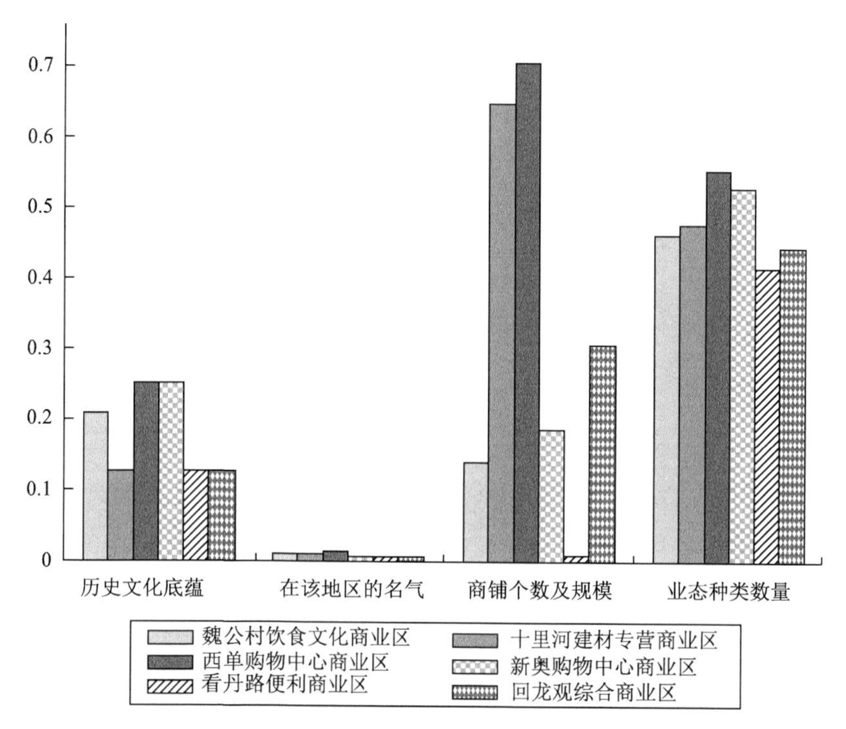

图 7-2 社会服务量各指标贡献率

7.2.1 饮食文化商业区

饮食文化商业区的功能主要是为附近居民和流动人员提供便捷或特色餐饮服务，由于餐饮店规模有限，且基本上为中小规模，因此该类商业区多为服务等级低的三级商业区（见第3章），同时商业区平均面积也较小。

从第5章环境性能的评价结果看，以魏公村为案例的饮食文化商业区评价结果为不合格，环境品质和社会服务量不高，而环境负荷却不小。从各指标贡献率具体来看，在环境品质方面，地铁便利性和公交便利性得分较高，而绿地及水体景观质量、停车场车位情况、道路面占比等方面得分明显偏低。在社会服务量方面，商铺个数及规模以及业态种类数量得分偏低。这反映出该类商业区虽然交通便利、便民设施等人文环境较好，但自然环境品质较差，交通管制方面也存在较大问题。在环境负荷方面，该类商业区在建筑覆盖率、车流量情况、污水污染情况等方面对环境造成了较大的压力。

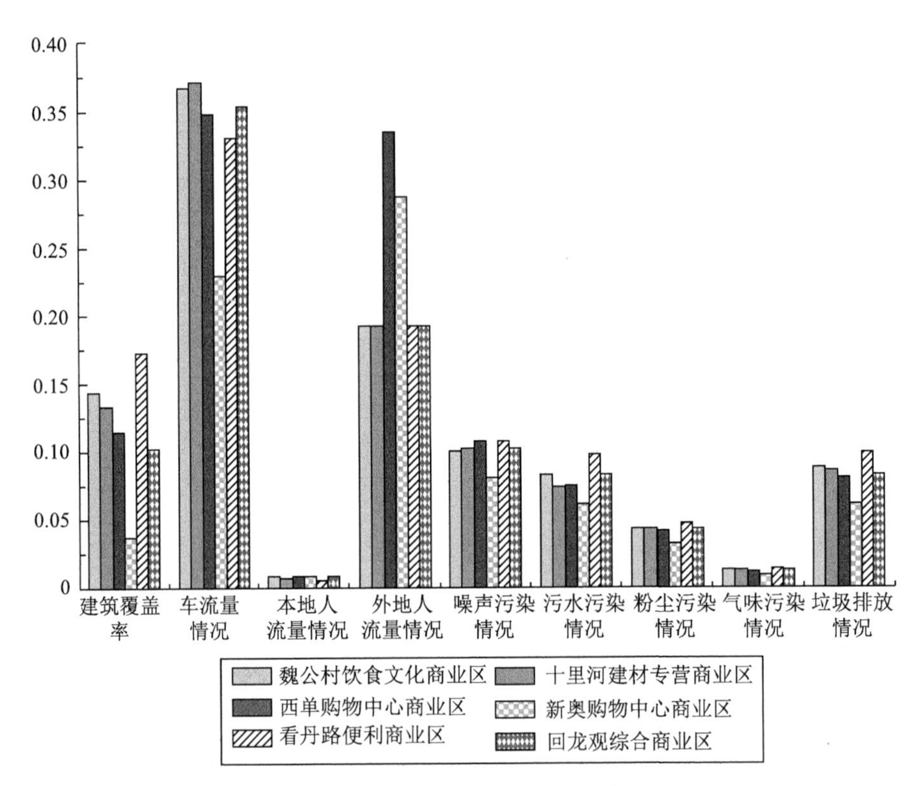

图 7-3　环境负荷各指标贡献率

因此，这类商业区环境性能调控的重点是提高自然环境方面的环境品质，加大交通管制力度，同时降低环境负荷。首先，现代居民对商业区自然环境的要求较高，从 SP 调研法得到的调整后的自然环境品质的重要性之和占到总体环境品质的 30.4%，为了提高居民的舒适度和增强商业区的吸引力，在总用地面积有限的情况下，应该加强绿化、水景的设计，注意建筑物的密度，营造良好的小气候。其次，该类商业区虽然公共交通比较便利，但人流量和车流量很大，对环境造成了较大的负荷。因此，要加强交通管理，拓宽主干道，鼓励公共交通的使用；而且，不同的店铺应根据情况联合建立较为正规的大型停车场，减少路边停车场对道路的压力，同时要根据实际情况拓宽道路。最后，该类商业区由于特殊的经营业态，会产生大量的垃圾排放、污水污染，因此在鼓励消费者绿色消费的基础上，应建立一个完善的餐饮垃圾回收体系和回收处理利益链。如形成良好的餐饮垃圾分类投放、收集转运、资源再利用、垃圾处理等体系；再如，对实施餐饮垃圾回收再利用的餐饮企业实施一定的税收优惠政策，科学地处理餐饮垃圾，减少污染，提高商业区环境性能。

7.2.2 专营型商业区

专营型商业区以集中销售某类专业商品为主，如建材、家电等，专业性较强。从以十里河为案例的环境性能评价结果来看（第3章），环境性能评分合格，但其环境品质得分不高，而环境负荷也很大。从各指标的贡献率具体来看，环境品质方面，商业区绿地、水体的覆盖率和质量，交通控制管理以及治安情况得分较低；社会服务量方面，总体得分较高。环境负荷方面，车流量情况指标的贡献率最大，同时对比其他类型商业区车流量，该指标的值也是最高的；此外，噪声污染和粉尘污染也很严重。因此可以说，专营型商业区社会服务量较高，具有一定的经济和社会效益，但其交通条件、安全防灾等方面做得较差，绿化、水体等自然环境也不好，同时，该类商业区车流量大、污染严重，带来的环境负荷较大。

因而，专营型商业区环境性能的调控应主要从以下几个方面入手：

第一，加大交通管理力度。该类商业区车流量较大，不仅包括顾客的私人汽车，也包括运送建材等商品的货车，交通压力较大，需加大交通管理力度，商业区的交通应照顾目的性人流、车流的交通利益，即优先确保与该地区商业经营有关的人流、车流的聚散，同时也要为外围人流、车流或非目的性人流、车流创造条件。如可以制订专营商业区及周边地区交通管制方案，并在商业区出入口等适当位置设置明显标志。此外，应将客流和物流严格分开，以防货物装卸时伤人，也能保证物流免受干扰。

第二，提高商业区治安管理能力。专营型商业区普遍治安情况较差，以十里河建材专营商业区为例，据不少商户和顾客反映，该商业区治安差，经常丢东西。因此，商业区应配备专业保安队伍，构建商业区内保安体系，并且制定合理的安全监察制度。

第三，改善商业区的自然环境品质。专营型商业区往往忽视商业区的环境品质，在绿地、水体等景观方面做得较差。但随着城市的发展，居民生活水平的提高，居民对购物消费的要求越来越高，对商业区消费环境舒适性的要求也越来越高。因此，专营型商业区也需要改善其自然环境，增加绿化率和水体覆盖率，在绿化和水体等景观方面营造较好的环境，提高自身环境性能。

第四，减少污染。专营型商业区由于销售商品的特殊性，产生的噪声污染和粉尘污染较高，因此要提高该类商业区的污染防治能力，如装卸货物或实施工程后要及时清理场地，同时要制定较好的保洁制度。

7.2.3 购物中心型商业区

购物中心型商业区是与居民日常生活关系较为密切的商业区，不仅担负着买卖服装、日常用品等功能，更担负着居民休闲、娱乐、文化体验等功能。本书对西单和新奥购物中心型商业区进行了实地考察和问卷调查，发现该类商业区环境品质很好，自然景观、管理、交通等评分因素的贡献率基本上都是各类商业区中的最高值；社会服务量也较大，商业区的档次、规模、历史文化底蕴等也非常高。但是，该类商业区环境性能却不是太高，尤其是四环以内。从评分因素贡献率来看，环境负荷方面，购物中心型商业区人流量情况占到环境负荷贡献率的30%以上，比其他类型商业区高10%以上；车流量情况贡献率也较高，将近30%；此外，污染负荷中的噪声污染也较严重。

基于以上分析，购物中心型商业区在保持较高的环境品质和社会服务量的前提下，应主要通过降低商业区的环境负荷来提高其环境性能。一方面，合理组织人流、车流。购物中心型商业区规模较大，往往会引起人流拥挤、交通堵塞等问题。所以，该类商业区在规划初期，就应考虑在商业区外围设立分流道路，在必要地段设置过街天桥、地下通道等立体交通设施。也可以学习德国、荷兰、瑞典等国在改建原有城市商业区时，将原有商业街改为步行街，以改善原有商业区的环境。同时，要保证合理的车位，并保证车辆停靠启离、人流街内流动高效畅通。此外，提倡地铁、公交等公共交通优先，不仅要在政策上加以引导，也要在规划上提高公共交通的吸引力，如学习德国的精致公交服务，可以通过土地利用与交通规划结合在地点规划（site planning）体现公共交通优先，将公共汽车站置于大型商业建筑的一个进出口，既方便顾客，也提高人流组织效率。

另一方面，降低环境污染，尤其是噪声污染。一些购物中心型商业区部分临街商铺通过喇叭进行销售宣传，还有些商业区周边的餐饮店、外卖店附近卫生环境较差，针对上述现象，应制定相应的规范管理措施，对违反规定的商户进行惩罚和整改。

7.2.4 便利型商业区

便利型商业区与居民日常生活关系最大，主要为居民提供一日三餐所需的柴米油盐、日常生活所需的小商品等基本的商品和服务，在空间上也紧邻消费群体，为消费者提供便利。

然而，通过调研发现，该类商业区环境性能是所有类型中最差的。环境品质很差，社会服务量也不高，环境负荷还不小。由于便利型商业区功能定位和整体规模都很低，吸引的客流也基本上是附近的居民，因此社会服务量不高，所以，应从商业区的环境品质和环境负荷两方面入手，提高其环境性能。

从各评分指标贡献率来看，环境品质方面，便利型商业区自然环境较差，且交通、安全、服务管理、卫生环境均很差，因此，该类商业区亟须统一的规划管理，从商业区内部商铺的空间布局、基础设施的配置，到交通组织、卫生和服务管理等各方面都应进行标准化，根本性、全方面地提高其环境品质。

环境负荷方面，便利型商业区的主要问题是各类污染十分严重，如垃圾排放、污水污染、噪声污染等，均是各类商业区中最严重的。便利型商业区往往售卖一些肉、蛋、菜、油等，容易产生废弃菜叶等固体和污水垃圾，另外，这类商业区排污、排水以及垃圾的回收处理能力差，导致环境负荷高。而且，有些便利型商业区经常存在小贩或商铺叫卖的现象，噪声污染也较重，对附近居民的休息生活造成一定影响。针对这些现象应强化对该类商业区的环境管理，提高污染处理能力，减少噪声污染。

7.2.5 综合型商业区

综合型商业区主要包括综合市场、各类专业店、餐饮店等，也可能有购物中心，业态齐全。既为周边社区提供日常生活服务，也为该区域上班的工作人员和途经该区域的人员提供便利服务，职能综合、等级较低。根据以回龙观综合商业区为典型调研区的调研结果，环境性能得分没有合格（第5章）。从各评分要素贡献率来看，自然环境品质中的绿化、水体景观质量评分贡献率均较低，都在5%左右。此外，交通管理、服务管理、卫生条件等方面的贡献率也不高。环境负荷方面，综合性商业区与购物中心型商业区有一定的相似性，也主要是车流量、人流量以及噪声、污水污染等方面负荷较重。

因而，建设综合型商业区应主要关注商业区自然环境品质，规划设计一定的绿化和水体景观，提高环境的宜人性。同时，加强服务、卫生等方面的人文环境管理，如设置客服中心、顾客休息区，强化商业区卫生的清扫与维护等。在环境负荷方面，通过前期的规划设计和后期的管理，加强人流、车流的空间组织。在污染控制治理方面，应制定相应的污染管理制度，加大管理力度。

7.3 北京市商业区空间优化方向及建议

商业空间结构即商业各种要素之间的空间关系。商业空间结构优化，则是根据城市商业空间结构的特点和作用，对城市商业空间结构加以改变或促进其优化，以使土地资源的配置达到最佳状态，实现其社会、经济与环境效益的最大化，促进城市商业的可持续发展（罗彦、周春山，2005；李俊，2001）。

总体上看，北京商业设施总量不断增长、服务水平不断提高、业态不断完善，多中心格局正在形成，发展态势基本上符合北京市既定总体规划和商业规划。然而，北京市商业空间结构仍存在很多问题。上文从环境性能的角度，对北京市各类商业区进行了分析，并对全市商业区的空间布局和环境性能进行了研究。本节则基于上文的分析，有针对性地提出一些优化的方向，为北京市商业和城市的发展提供一定的科学支撑。

7.3.1 商业区空间优化方向

1. 商业区功能等级空间优化

（1）促进城市周边商业发展。

从第6章各类商业区商圈分析来看，各类商业区在五环外的商圈覆盖面积普遍明显增大，服务人口数量明显增多，尤其是购物中心型商业区、饮食文化型商业区和综合型商业区。目前，随着北京城市郊区化的推进，在城市外围建立了大量居住区，集聚了大量的人口。然而这些地区的商业却相对滞后，配套的商业等级和数量都难以满足居民消费的需求。居民远距离的购物消费，造成了环境污染、交通拥堵等诸多问题，更违背紧凑型城市理念。

因此，应顺应居住郊区化的大趋势，在城市周边地区，主要是北五环外、南四环外鼓励商业的发展，建立一些规模较大的购物中心型、综合型商业区，并配套以一定的饮食文化型商业区，促进城市空间结构的优化，提高城市发展的可持续性。更重要的是，城市周边商业的发展不是简单定位于“配套”，更要起到“提升”“带动”的作用，依靠以商业为核心的服务业健康发展，实现该地区商业由配套产业到支柱产业的转变，这一点在大型城郊居住区尤为重要。作为劳动密集型行业的批发、零售、餐饮、娱乐等商业的发展，本身就可以解决大量人口的就业问题，还可以满足新城和郊区居民就近转换职业的需要，有利于缓解交通压力，全面提高附近居民的生活和工作质量。

（2）弥补中心城区商业布局不足。

从商业区空间格局及商圈的空间格局可以看出，中心城区的商业区的数量较多，规模也较大，发展历史较为久远。根据商业网点和商业区空间格局可以看出，商业空间受历史文化和城市空间形态的影响呈现出偏向城市中心的格局，传统商业区如西单、王府井、前门商业活动量仍旧很大，依然是当下城市的核心商业区；此外，20 世纪 90 年代后逐渐兴起、繁华的朝外、四惠、中关村、木樨园、公主坟等地也形成规模，与传统商业区一起构成了北京市商业空间基本框架（第 3 章）。

尽管中心市区的商业相当繁华，但其布局并不完美，还存在诸多不足。从第 6 章商圈的分析可以看出，各类商业区在中心市区均存在不同程度的盲点，也有些商业区布局过于密集，存在恶性竞争。例如，饮食文化型商业区，五环内的部分地区商圈覆盖人口数量较多，如万寿路、车道沟、刘家窑附近等，这些地区是该类商业区覆盖的盲点。再如，不少商户盲目入驻市中心的购物中心型商业区，由于中心城区的商业区很多已经满负荷了，这就造成了盲目经营、恶性竞争。因此，中心城区的商业区的空间布局还需进一步合理化，引导盲目经营者向合理的区位入驻，在各类商业区的盲点增设一定相应类型的商业网点。

（3）根据商业区类型设定布局发展方向。

本书根据功能将商业区划分为五种基本类型，每种类型有不同的特点、服务对象和环境性能。因此，要根据商业区的具体类型确定商业区空间布局方向。

比如，专营型商业区环境负荷较大，环境品质也不高。绿化、水体等景观较差，管理、服务、安全等人文环境也不好，由于销售商品的特殊性，粉尘、垃圾、噪声污染比较严重，车流量也很大。同时，该类商业区所销售的商品并不是居民日常生活所必备的耐用品，商业区对人流量的要求也不高。因此，专营型商业区并不适合在中心城区和人口较为密集的地区布局，如二三环附近人均环境性能较低的专营型商业区，应该向城市外围地区迁移，形成集中的、大型的专营型商业区。

再如，饮食文化型商业区主要为周边居民和工作人员的日常餐饮提供便利，商业区占地面积较小。因此，该类商业区应根据人口的空间分布格局，紧邻大型居住社区进行布局。而购物中心型商业区等级较高，规模较大，吸引人口较多，应主要布局在交通便利的地区，如地铁口附近、交通主干道附近等，方便人流、车流的集散。

2. 商业区环境性能空间优化

（1）提高城市周边商业区环境品质和社会服务量。

根据对全市商业区环境性能空间分布格局及其环境品质、社会服务量、环境负荷的具体分析可知，城市周边，即城北五环外、城南四环外，由于环境品质较差和社会服务量较低，导致环境性能较差。

因此，城市周边商业区应着力提高其环境品质和社会服务量。具体包括：第一，注重商业区自然环境的营造，包括提高绿化、水体覆盖率，提升景观设计水平，从而提高商业区的小气候。为居民购物提供一个舒适、宜人的环境，同时为商业区吸引更多的顾客。第二，完善商业区的配套设施和安全设施，包括街椅、垃圾箱、公共厕所、休息厅等以及防火、防灾等方面的设施，确保居民购物的便利性以及安全性。第三，提高商业区服务管理水平，各商场、市场都应设立监督管理部门以及顾客事务处理等部门，为顾客的购物以及商铺的销售提供保障和服务；同时，也要提升服务和管理人员的态度和能力，提高亲和力，真正提高顾客的购物体验。第四，吸引更多商铺，尤其是较为高端的品牌入驻城市周边的商业区。高端品牌有自己成熟的设计、陈列以及强大的品牌吸引力，因此引进更多高端品牌到城市周边新型的商业区，对提升商业区品质，提高社会服务量具有重大意义，同时会吸引更多的顾客，有助于城市周边新兴商业区的尽快发展。

（2）降低中心城区商业区环境负荷。

北京市中心城区的商业区发展较为成熟，且有一些商业区历史悠久，文化积淀厚重。这些商业区无论是自然环境还是人文环境都很好，具有宜人的绿化景观、便利的购物设施等。然而，中心城区商业区的环境负荷太大，导致其环境性能并不高。

针对这样的问题，中心城区的商业区应降低交通、土地、污染等方面的环境负荷。北京市中心城区交通拥堵严重，随着拥堵道路的增加，车辆运行的平均速度不断降低，据调查，1994 年，三环以内主要路段的汽车平均车速为 45 公里/小时，而 2003 年以来，高峰时速已降至 12 公里/小时（高晓路等，2009）。2013 年北京市通勤高峰时段五环以内拥堵现象比较普遍，拥堵的空间集聚趋势明显。对比不同时段的交通拥堵现象发现，高峰时段的拥堵现象极其突出，这充分说明，拥堵目前仍体现在中心城区以及中心城区与居住区的干道，呈现向心式、潮汐式通勤时段拥堵状态。而商业区往往布局在交通拥堵的主要交通干线上，且商业区本身会吸引更多的人流和车流，那么加强中心城区交通和整个城市的规划和管理，对商业区环境性能的提高和城市可持续发展能力的提升至关重要。

此外，对中心城区商业区污染的控制也是降低其环境负荷的重要方面。不同商业区在空气污染、垃圾污染、噪声污染等方面程度不同，对商业区周围的居住区等造成不同程度的压力。因此，一方面，城市要合理规划，推行合理的旧城改造和更新，如避免在商业区邻近区域建设学校、医院、住宅等噪声敏感建筑物；另一方面，加强商业区环境规划和管理，如加强下水道的设计以及固体垃圾的及时回收管理机制等。

7.3.2 商业区空间优化建议

1. 从功能结构和空间结构方面深化城市商业规划，提高科学性

北京市商业规划，从“十五”计划开始到现行的“十二五”规划，仅对城市商业的发展方向进行了粗略的规划设计，而商业配套的建议也仅是一种面积上的配套，没有对业态形式、规模和空间布局进行深入分析和设计，更没有基于居住区进行统一的商业规模和业态规划。城市周边新建住宅区仅考虑了其社区配套商业，容易使商业用地预留不够，导致未来商业

的发展受限。因此，居住区商业的配套，应该从全市商业空间结构的长远视角，从规模、业态、空间布局等多方面进行合理的分析，居住区、商业区以及其他功能区整合规划，引导商业空间的合理健康发展；同时，应该考虑不同人群对商业的不同需求特点。比如，《北京城市总体规划（2004—2020）》和《北京市“十二五”商业服务业发展规划》提出，新城重点在顺义、通州、亦庄等地建成具有一定规模的综合商业区。而通过本书的分析，在业态、布局等方面可以进一步细化该发展方向：北京市五环外亟须建设规模较大的购物中心型商业区和综合型商业区，与该地区的人口数量配套；同时，这些商业区应布局在商圈覆盖面积大、人口数量多、交通较为便利的地区，引导该地区的发展。

城市商业规划应充分考虑商业网点的规划，对商业网点给予政策性引导，不单单止于现行商业规划面积上的配备指南，更要针对不同类型的居住区、不同功能的商业区进行细致的引导。同时，除了商业区与居住区之间的依存性优化外，也要协调好商业区与城市中其他功能类型区之间的关系，例如，商业区与旅游区之间的互补优化，商业区与工业区之间的协调优化等。

2. 加强商业区规划与城市交通规划的有效衔接

为促进城市周边地区商业的发展，政府应重视交通，尤其是轨道交通对商业的引导作用。从第 3 章商业区的空间布局可以看出，各类商业区尤其是规模较大的商业区基本上沿着重要交通道路分布，尤其是轨道交通，这些交通主干道基本上成了商业发展的走廊。未来，城市周边商业发展，以及新城的发展都需要交通的带动，而目前北京市轨道交通的覆盖面非常有限，五环外地铁可覆盖地区十分少，而部分地区有很多大型居住区，如清河，仅靠地面交通难以满足城市发展的需求。因此，未来政府需要重视基础设施的投资与建设，加快轨道交通建设的步伐，促进城市周边地区商业的发展，从根本上推动城市协调可持续发展。

而针对中心城区交通拥堵的问题，则需重视公共交通体系，实施精细化设计管理。公共交通系统是城市发展的命脉，在大城市发展过程中，治理交通拥堵成为许多城市需要面对的难题，借鉴国外一些发达城市的经验，积极发展轨道交通，建立立体化快速交通体系，是实现城市高效运行的重要保障。在把握科学战略规划的前提下，应提倡精细化设计和管理。例如，柏林通过精细的站点规划，统一设置交通站、停车场、自行车存放区，方便换乘，提高了公共交通的使用率。再如，伦敦为了鼓励公共交通的发展，采取了许多十分细致的举措，包括对环境污染进行分区管理，建设多功能公共汽车站，精细公共交通服务，对自驾车实施分区域和分时段的差异化收费标准，等等。

3. 提高对城市商业区的服务和管理水平

城市商业区的安全管理、交通控制管理、卫生监督管理以及服务管理等直接影响着商业区的环境性能。首先，需要加强商业区的管理监督机制，目前大多数商业区管理部门，即商业区的物业部门以及商业区与周围的交通、街道等管理部门实行多头管理，政出多门、各自为政，经常是有利争管，无利扯皮，因此，商业区各管理部门以及相关的市政部门应相互协调，统筹管理。其次，应提高管理水平。城市发展日新月异，科学技术也不断发展，管理部门需要学会用新的技术对城市商业区进行管理，如可以开发相应数字化的商业区管理软件等。

4. 注重商业区微观尺度的设计和建设

随着人们生活水平的提高，人们对商业区的自然环境、购物的舒适度以及商业区的文化底蕴等方面的消费需求越来越多元化，对商业区环境性能影响较大。因此，城市商业区的景观设计、风格营造等应受到充分的重视。

从商业区的建筑风格到绿化景观的设计，从商业区的文化性到艺术性，从商业区商铺内部的景观到街区的景观等微观尺度的设计，直接影响着人们的购物体验，影响着一个商业区的环境性能，甚至是发展态势。因此，商业区环境性能的提升亟须从这些微观的尺度进行精心的设计和建设，贯彻以人为本的设计理念，同时兼顾商业区环境和开发经济成本、效益。商业区的设计不仅要满足规模、流量等技术指标，也要重视它给人带来的心理感受。不仅要重视建筑物的建筑风格，也要重视休息座椅、花台、喷泉、雕塑、栏杆、指示牌等这些细微元素的设计，从细节中展示品质，切实提高商业区的环境性能，为居民营造良好的购物环境。

8 结论与讨论

本书在全面评述国内外商业空间结构以及环境性能相关理论、方法和研究进展的基础上，总结了北京市商业空间结构的演变历史，以及商业规划、相关城市规划的历史。在此基础上，充分利用开源大数据，探讨了北京市商业网点分布规律和特点，并以街区为基本单元，识别了北京市商业区并划分了功能类型。本书选取各类典型的商业区实施了实地考察和问卷调查，按照本书构建的环境性能评价指标体系和 SP 调查法确定的权重体系，对典型商业区的环境性能进行了客观评价，并进一步估算了北京市全部商业区环境性能的空间布局及其问题。最后，从环境性能的角度，对北京市商业区环境性能的调控和商业空间结构的优化提出了相应的建议。

8.1 主要研究结论

1. 提出了基于城市功能区的环境性能评价，拓展了环境性能评价内涵

低碳城市、紧凑城市等新兴城市发展理念并不是概念性的口号，而是现代城市实现可持续发展的愿景和途径，但目前其理论和实践方面还存在一些有待解决的难题。如理论方面，紧凑城市核心定义随着研究的深入不断拓展，不同的学者有不同的观点，城市紧凑性在什么程度下是最适宜的是一个有待解决的问题。再如实践中，在规划城市空间结构时如何体现低碳城市、紧凑城市的理念？城市公共设施如何配置？配置强度如何？这些都是需要深入研究的问题。而环境性能的研究为这些难题的解决提供了思路。

自20世纪90年代末起，国内外已经开始了环境性能的相关研究，从环境性能评价空间尺度来看，微观建筑尺度环境性能评价，以及宏观区域尺度环境质量、影响和效率评价都比较成熟。但缺乏针对城市中不同类型功能区这一中观尺度的相应评价，而中观尺度的评价能够对城市地域内各种因素进行统筹考虑，也能够反映城市地区之间环境性能的各项差异及相互影响，为相关部门的城市规划和管理，以及城市功能空间的优化提供相应的参考。因此，本书提出了基于城市功能区的环境性能评价，包含经济、社会、环境效率几个方面，可以合理理解环境负荷的产出，是一项测度城市可持续发展水平的指标和调控城市空间的政策工具，可以为城市低碳发展、紧凑发展遇到的问题提供解决的思路。

2. 提出了包含环境品质、社会服务量和环境负荷的城市商业区环境性能评价指标体系与方法

本书以商业区为研究对象，深入研究了其环境性能评价指标和方法，对研究样本的环境性能进行了评价，将环境性能的思想和方法引入城市功能空间尺度中，拓宽了环境性能的研究面。而具体评价体系和方法在借鉴日本CASBEE环境性能评价体系的基础上，延伸了环境性能的具体内涵，引入环境效率的思想，建立了一个集经济、社会、环境于一身的综合评价体系。一个地区的环境性能是指该地区产生环境负荷（压力）的同时，所能带来的经济、社会和环境价值。这既是环境性能评价概念的扩展，也是环境效率评价的扩展，即环境效率不拘泥于环境的经济和社会效率，还考虑其环境效率。测评指标具体包括环境品质、社会服务量和环境负荷三大方面，每方面设计具体的二级指标、三级指标和评分因素，客观、翔实地对商业区的环境性能做出评价。

目前，环境性能评价的方法多为AHP法或熵值法等主观或客观赋权法，而本书将SP调研法引入商业区环境性能评价中，通过SP调查问卷的设计和离散选择模型的运用，确定评价指标的权重。该方法以更贴近受访者、更科学的方法确定了评价指标的权重，有效地避免了AHP法对专家经验知识和主观性的依赖，以及熵值法对数据数量和质量的依赖。

3. 深入剖析了北京市商业空间发展和相关规划的发展历史和现状

自元朝起，北京就成为全国的政治中心，也成为全国乃至东方的商贸中心，并形成了斜街市第一代商业中心；经历明、清、中华民国的发展，商业规模越来越大，商业等级越来越完善；新中国成立后，北京城市建设异常迅速，城市地域扩展极快，北京商业中心基本呈现三足鼎立的分布格局，即王府井、西单和前门。

自新中国成立以来，北京市经历了多轮规划。对北京市商业空间的规划由1954年的“分散集团式”布局原则，到2004年的“旧城商业区、中心城商业区和外围商业区组成的商业体系，丰富商业区的内容，发展多种商业业态，实现多元化协调发展的格局”的空间规划，从“十五”开始对北京市商业发展进行了专项规划，规定了商业发展的发展思路、重要任务以及空间上方向性的优化布局，对社区、产业区等的商业配置进行了面积上的规定，但没有对业态形式和空间布局进行深入分析和设计，更没有基于居住区统一协调商业规划，容易出现很多问题。因此，商业规划应该从全市商业空间结构的长远视角，从规模、业态、空间布局等多方面进行合理的分析，居住区、商业区以及其他功能区整合规划，引导商业空间的合理健康发展。

4. 利用开源大数据，揭示了北京市商业网点现状空间分布格局及其特征，构建了城市商业区空间识别和类型划分的方法

我国商业地理学发展相对缓慢的一个主要原因就是数据难以获取，且常常涉及商业机密，难以保证数据质量。同时，从2004年开始的四年一度的经济普查，没有空间数据且实时性很差。本书利用近年来飞速发展的开源大数据，包括电子地图背景数据——POI数据等，进行商业网点的提取和空间分析，大大提高了城市商业空间研究的效率。

通过POI商业网点数据的分析可知：①北京市各业态商业空间格局均为集聚分布类型。②不同业态的商业网点有不同的空间分布特点，如大型商场的集聚区主要以四环内为主，沿长安街形成了一条横轴集聚带，而且西单、王府井、朝外和中关村形成了明显的集聚区；此外，外围的回龙观、通州新华大街附近、望京等也是商业空间分布集聚中心。③通过Ripley's L（d）函数统计量分析，北京市各类商业网点 L（d）曲线分为倒“U”形、上扬形和波浪形三种形式。

在此基础上，本书构建了商业活动量的计算模型，识别出街区尺度的城市商业区，并利用 K-means 聚类和 Natural Breaks 对商业区进行分类，构建了一套对城市商业区进行识别和分类的方法。以北京市为研究对象，共识别出基于街区尺度的城市商业区 1063 个，平均面积为 0.065 平方千米，按照服务等级分为三级，数量分别为 12 个、64 个和 987 个。根据商业区类型划分的方法，将北京市商业区分为饮食文化型商业区、专营型商业区、购物中心型商业区、便利型商业区、综合型商业区五种功能类型，并探讨了北京市商业区整体以及不同功能类型的空间分布格局。

5. 通过典型案例的调查，对各类商业区进行了环境性能评价

根据北京市商业区的空间识别和类型划分结果，在五类 1063 个商业区中，每类商业区选取 1~2 个典型的案例区进行深入问卷调研和实地考察，具体包括魏公村饮食文化商业区、十里河建材专营商业区、西单购物中心商业区、新奥购物中心商业区、看丹路便利商业区和回龙观综合商业区。

根据本书构建的环境性能评价体系和方法对各典型商业区进行了评价分析。从环境性能评价结果来看，新奥购物中心商业区、西单购物中心商业区和十里河建材专营商业区环境性能合格，其中新奥购物中心商业区环境性能达到 3 以上，属于优良。而回龙观综合商业区和魏公村饮食文化商业区略低于合格线，看丹路便利商业区则远低于合格线，环境性能得分仅为 0.9。而且本书扩展了日本 CASBEE 环境性能评价二维图，将环境品质、社会服务量和环境负荷分别作为三个坐标轴，制作了环境性能三维图，可以更为直观地展示和分析评价结果。在此基础上，详细剖析了不同性别、收入和年龄群体对商业区环境性能评价的不同特点。

6. 构建了全市商业区环境性能的估算方法，分析归纳了全市商业区环境性能空间分布格局和其构成要素的分布特点

基于同质性的基本假设，同种类型商业区具有相同的特质，在环境品质、社会服务量和环境负荷等方面有一定的共性。利用可获取的部分关键的影响因素，通过客观数据，在同质性的基础上，充分提高了各个商业区环境性能评价的准确性，并创造性地将开源大数据——新浪微博的签到数据引入，作为测定商业区人流量的基础数据，提高了估算的可能性与准确性。

从商业区环境性能空间分布来看，环境性能评分较差的商业区主要分布在二环和三环附近规模较大的商业区，如王府井商业区、地安门附近商业区、大望路附近商业区等，以及五环外的一些面积较小的商业区，如清华园附近商业区。评分较高的商业区多分布在四环附近。同时，城北商业区的环境性能普遍高于城南。具体分析各构成要素的分布发现：虽然北京市二三环附近商业区环境品质和社会服务量普遍较高，但其环境负荷也很大，如建筑密度高、土地负荷大，人流量、车流量多导致交通负荷高，其环境性能不仅不高，反而普遍很低。而北京市五环外的大部分商业区，虽然环境负荷不高，但其环境品质和社会服务量也较低，因此这些商业区的环境性能也低。四环附近以及城北五环附近的一些商业区，在环境品质较好、社会服务量较高的前提下，环境负荷并不大，因而拥有较高的环境效率，环境性能评分较高。

7. 提出了基于商圈的环境性能研究方法，剖析了商业区环境性能与人口分布的现状格局

本书在微观尺度的实证研究上进行突破，将城市人口空间化到住宅小区这一与人们生活品质直接相关的城市人口的基本集聚单元，作为商圈分析的基本空间单元，运用哈夫模型探讨商业吸引顾客的地理空间范围，分析商业区与人口的空间匹配性，将该匹配性因素考虑到环境性能空间格局中。在此基础上，我们深入剖析各类商业区空间布局的不足，以及各类商业区环境性能在空间布局方面存在的问题。

如饮食文化型商业区，石景山区的苹果园街道、朝阳区的来广营街道等地区饮食文化型商业区对应的服务人口数量较多；此外，五环内的部分地区虽然商圈服务面积不大，但其覆盖人口数量较多，如万寿路、车道沟附近等。从基于商圈的环境性能空间格局来看，该类商业区在四环外的人均环境性能普遍低；在四环内的人均环境性能较高，如三里屯附近，但也存在不少人均环境性能较低的商业区，如东四十条附近，其商圈覆盖人口数量并不多，但人均环境性能也不高。由于该类商业区的主要功能就是为附近居民提供餐饮服务，并且人口郊区化发展速度较快、人们对餐饮服务需求质量和数量都在提升。这就要求四环内的饮食文化型商业区主要提升商业区的环境性能，四环外尤其是五环外则需在提升环境性能的同时，在商圈服务人口数量多的地区增加一定的饮食文化型商业区。

8. 为北京市商业区环境性能调控和空间优化提出了目标、方向和建议

基于北京市商业区环境性能相关分析，本书分别从相对微观和宏观角度提出了切实可行的规划、建设、管理等方面的政策建议，以促进商业和城市的良性循环。从相对微观层面，对城市商业区环境性能进行调控，根据各类商业区的环境性能评价结果，针对商业区内部进行规划、管理，以促进商业区的发展。而城市商业空间结构优化，就是从相对宏观层面对商业空间结构加以调整，以使城市土地资源的配置达到最佳状态，实现其社会、经济、环境各方面效益的最大化，促进城市商业和城市的可持续发展。

8.2 不足与展望

1. 商业区空间识别的精确性需要进一步提高

本书基于北京市 POI 数据和路网数据，通过商业活动量的计算模型，识别出街区尺度的城市商业区，构建了一套对城市商业区进行识别和分类的方法。该方法既提高了城市商业区空间范围的精度，也加快了其空间识别的速度，对城市规划和商业规划具有指导和参照价值，同时也可以为商铺的选址提供重要的决策支持。但是，在实际情况中，地块的商住、产住、商产混合等情况广泛存在。本书对街区混合用地的因素没有进行考虑，只选取商业活动量大的街区作为商业街区，在未来的研究中，也可考虑加入混合用地分类。此外，本书以街区为尺度进行商业区识别，但现实中商业区的空间形态不仅为面状，还存在沿街分布的情况，因此如何对该类型的商业区进行空间范围的精确界定，也是未来研究的重要方向。

2. 商业区环境性能评价指标体系需要进一步完善

本书在借鉴日本 CASBEE 评价体系构成方法的基础上，充分借鉴环境效率的思路，将环境品质的评价扩展到经济、社会和环境的综合效益层面，结合目前国内外学者关注的环境因素，并考虑商业区的特性，以及顾客对商业区环境的满意情况，设计了评价体系。考虑指标之间可能存在的相关性，并充分考虑指标的可获取性，本书对于指标体系进行了筛选和调整，但指标设计中可能会有遗漏的因素，今后还需要进一步的思考和完善。

3. 北京市全覆盖商业区环境性能评价体系需要进一步优化

目前，受到样本区调研的限制，以商业区类型进行的全覆盖商业区环境性能的估算，都是以同质性假设为基本前提进行的，即同一类型不同区位的商业区，在环境品质、社会服务量、环境负荷方面除公交、地铁、人流量、商业区规模数量等可获得的客观评分因素外，大多数评分因素都做了同一性假设。

而实际上，由于区位不同、发展历史不同等，即使是同一类型的商业区，在环境性能方面也会有差异。未来，本书将尝试运用关键词挖掘工具，如 AdWords 等，挖掘大众点评网对商业网点的点评，建立北京市全覆盖的商业区的环境性能评价体系，在合理减少调研工作量的同时，充分运用互联网大数据提高同质性假设的合理性。

4. 将近年来飞速发展的电商与实体商户综合起来进行分析

近年来，随着互联网和终端设备的发展，电商也飞速发展，深刻影响着人们的消费和生活习惯。由于电商提供的购物便利性，越来越多的居民热衷于足不出户的网络购物。那么，网络购物和实体购物之间的关系是怎样的？是互补关系还是替代关系？又会怎样影响商业空间结构和城市空间结构？这些都是未来十分值得探讨的问题。

参考文献

［1］ 安成谋．兰州市商业中心的区位格局及优势度分析［J］．地理研究，1990，9（1）：28-34.

［2］ 包存宽，陆雍森，尚金武．规划环境影响评价方法及实例［M］．北京：科学出版社，2004.

［3］ 边正孝，王勤学，林诚二，等．亚太地区环境综合监测的研究方法——APEIS项目研究综述［J］．地理学报，2004，59（1）：3-12.

［4］［日］波形克彦．美国的流通业［M］．东京：二期出版社，1995.

［5］ 蔡国田，陈忠暖，林先扬．广州市老城区零售商业服务业区位类型特征及发展探析［J］．现代城市研究，2002（5）：42-46.

［6］ 蔡文倩，孟伟，刘录三，等．长江口海域底栖生态环境质量评价——AMBI和M-AMBI法［J］．环境科学，2013（5）：1725-1734.

［7］ 曹利军．现代商业环境下企业管理的思维创新［J］．企业管理，2008（12）：42-43.

［8］ 陈晨．公众参与环境影响评价制度研究［D］．北京：中国政法大学，2009.

［9］ 陈杜军．重庆主城区商圈空间结构研究［D］．重庆：重庆大学，2012.

［10］ 陈亢利，李志龙．生态住宅小区水环境系统性能评价［J］．中国给水排水，2006，22（2）：501-503.

［11］ 陈薇．天朝的南端——嘉靖三十二年（1553年）前后北京外城商业

活动与城市格局 [J]. 建筑师，2007 (3)：57-68.

[12] 陈蔚. 城市空间结构的微观模拟：以北京市超市服务业为例 [D]. 北京：中国科学院，2012.

[13] 陈秀山，倪小恒. 信息通信技术对服务业布局的影响分析[J]. 中国软科学，2006 (4)：109-117.

[14] 陈颖彪. 北京市商业GIS模型与方法研究 [D]. 北京：中国科学院，2003.

[15] 陈玉慧，王永兴. 城市传统商业中心区发展的思考——以厦门市为例 [J]. 干旱区地理，2009，32 (1)：152-158.

[16] 陈志钢，保继刚. 典型旅游城市游憩商业区空间形态演变及影响机制——以广西阳朔县为例 [J]. 地理科学，2012，31 (7)：1339-1351.

[17] 陈忠暖，陈颖，甘巧林，等. 昆明市城市商业地域结构探讨与调整对策刍议 [J]. 人文地理，1999，14 (4)：21-25.

[18] 董杰，高红. 商业环境中的微观景观设计浅议 [J]. 建筑设计管理，2011，28 (175)：49-51.

[19] 杜霞，白光润. 上海市区商业等级空间的结构与演变 [J]. 城市问题，2007 (12)：39-44.

[20] 方创琳，毛汉英. 区域发展规划指标体系建立方法探讨 [J]. 地理学报，1999，54 (5)：410-419.

[21] 方开泰. 均匀设计与均匀设计表 [M]. 北京：科学出版社，1994.

[22] 方向阳，陈忠暖，蔡国田. 广州地铁站口零售商业集聚类型分析 [J]. 热带地理，2005，25 (1)：49-53.

[23] 方远平，闫小培，毕斗斗. 1980年以来我国城市商业区位研究述评 [J]. 热带地理，2007，27 (5)：435-440.

[24] 干靓，丁宇新. 从绿色建筑到低碳城市：日本"CASBEE—城市"评估体系初探 [C]. 第八届国际绿色建筑与建筑节能大会论文集，2012.

[25] 高松凡. 历史上北京城市场变迁及其区位研究 [J]. 地理学报，1989，44 (2)：129-139.

[26] 顾国建. 零售业：发展热点思辨 [M]. 北京：中国商业出版

社，1997.

[27] 管驰明，崔功豪．1990年代以来国外商业地理研究进展 [J]．世界地理研究，2003，12（1）：44-53.

[28] 管驰明，崔功豪．城市新商业空间的区位和类型探析 [J]．城市问题，2006（9）：12-17.

[29] 郭朝霞，刘孟利．塔里木河重要生态功能区生态环境质量评价 [J]．干旱环境监测，2012（1）：55-58.

[30] 郭亚军，易平涛．线性无量纲化方法的性质分析 [J]．统计研究，2008，25（2）：93-100.

[31] 郭彦，王海芳．神经网络模型在环境现状评价中应用研究 [J]．环境科学与技术，2010.

[32] 国家计委国土开发与地区经济研究所．中国可持续发展指标体系与方法研究 [Z]．1997.

[33] 韩枫．论商业概念及其分类的创新发展 [J]．商业时代，2007（2）：11-14.

[34] 韩会然，宋金平．芜湖市居民购物行为时空间特征研究 [J]．经济地理，2013，33（4）：82-100.

[35] 何雪钰．武汉地下商业环境调查及研究 [J]．经济生活，2010（22）：52-53.

[36] 贺灿飞，潘峰华．产业地理集中、产业集聚与产业集群：测量与辨识 [J]．地理科学进展，2007，26（2）：1-13.

[37] 侯丽，敏郭毅．商圈理论与零售经营管理 [J]．营销管理，2000（3）：25-28.

[38] 黄晓兰，沈浩．离散选择模型在市场研究中的应用 [J]．北京广播学院学报（自然科学版），2002，9（4）：34-42.

[39] 季珏．城市居住区环境性能评价方法研究 [D]．北京：中国科学院，2010.

[40] [日] 加知範康，加藤博和，林良嗣．汎用空間データを用いて居住環境レベルの空間分布をQOL指標で評価するシステムの開発 [J]．日本都

市計画学会，都市計画論文集，2008，43（3）：19-24.

［41］蒋海兵，白光润．商业微区位中的生态学视角［J］．商业时代，2005（35）：11-12.

［42］蒋海兵，徐建刚，祁毅，等．基于时间可达性与伽萨法则的大卖场区位探讨——以上海市中心城区为例［J］．地理研究，2010，29（6）：1056-1068.

［43］焦华富，韩会然．中等城市居民购物行为时空决策过程及影响因素——以安徽省芜湖市为例［J］．地理学报，2013，68（6）：750-761.

［44］李飞．世界一流商业街的形成过程分析［J］．国际商业技术，2003（5）：18-24.

［45］李炅之，王梦珂，何丹．社区商业模式选择的思考——以苏州工业园区邻里中心为例［J］．世界地理研究，2010，19（4）：138-144.

［46］李海燕，罗春雨，高玉慧，等．区域生态环境质量评价指标体系的研究——以黑龙江省为例［J］．国土与自然资源研究，2009（4）：67-68.

［47］李俊．关于小城镇发展的几个问题［J］．开放时代，2001（6）.

［48］李丽，张海涛．基于 BP 人工神经网络的小城镇生态环境质量评价模型［J］．应用生态学报，2008，19（12）：2693-2698.

［49］李路明．国外绿色建筑评价体系略览［J］．世界建筑，2002（5）：68-70.

［50］李名升，佟连军．基于能值和物质流的吉林省生态效率研究［J］．生态学报，2009，29（11）：6239-6247.

［51］李启明，聂筑梅．现代房地产绿色开发和评价［M］．南京：江苏科学技术出版社，2003.

［52］李巍，杨志峰，刘东霞．面向可持续发展的战略环境影响评价［J］．中国环境科学，1998（S1）：67-70.

［53］李文倩．轨道交通建设对北京市商业空间布局的影响［J］．城市快轨交通，2008，21（6）：19-22.

［54］李小建．经济地理学［M］．北京：高等教育出版社，1999.

［55］李新延，李德仁．DBSCAN 空间聚类算法及其在城市规划中的应用

[J]. 测绘科学，2005，30（3）：51-54.

[56] 李艳. 陕西省关中粮食主产区土壤环境质量评价 [J]. 农业环境与发展，2008（3）：111-113.

[57] 李业锦. 大城市内部商业环境满意度评价与消费区位决策研究——以北京市西城区和海淀区为例 [D]. 北京：中国科学院，2005.

[58] 李永浮，潘浩之，田莉，等. 哈夫模型的修正及其在城市商业网点规划中的应用——以江苏省常州市为例 [J]. 干旱区地理，2014，37（4）：802-811.

[59] 李永雄. 城市公园环境质量评价方法和评价指标构筑的探析 [J]. 中国园林，2013（4）：63-66.

[60] 李祚泳. 城市综合环境质量的物元分析评价 [J]. 环境科学，1995，16（5）：76-79.

[61] 郦桂芬. 环境质量评价 [M]. 北京：中国环境科学出版社，1989.

[62] 廉鑫. 基于生态足迹的辽宁省资源效率研究 [D]. 大连：大连理工大学，2006.

[63] 林耿，李燕. 广州市特色商业区支撑系统要素分析 [J]. 经济地理，2005，25（4）：521-531.

[64] 林耿，李燕. 历史文化因素对广州市商业业态空间的影响 [J]. 人文地理，2005，20（4）：30-34.

[65] 林耿，徐学强. 广州市商业业态空间形成机理 [J]. 地理学报，2004，63（4）：395-404.

[66] 林耿，阎小培. 广州市商业功能区空间结构研究 [J]. 人文地理，2003，18（3）：37-41.

[67] 林耿，张小英，马扬艳. 广州市地铁开发对沿线商业业态空间的影响 [J]. 地理科学进展，2008，27（6）：104-111.

[68] 刘继生，张文忠. 长春市集贸市场布局研究 [J]. 人文地理（增刊），1992，7：88-94.

[69] 刘瑞超，丁四保，王成新. 高速公路对区域发展影响的评价体系研究——以山东省为例 [J]. 地理科学，2012，32（7）：798-806.

［70］刘晓倩．成都市城市商业空间发展研究［D］．成都：西南交通大学，2005.

［71］刘胤汉，刘彦随．西安零售商业网点结构与布局探讨［J］．经济地理，1995，15（2）：64-69.

［72］刘煜．国际绿色生态建筑评价方法介绍与分析［J］．建筑学报，2003（3）：58-60.

［73］柳思维，吴忠才．基础设施对城市商圈影响的实证分析［J］．城市问题，2009（9）：32-37.

［74］陆大壮．中国商业地理学［M］．北京：中国财政经济出版社，1990.

［75］陆书玉，栾胜基，朱坦．环境影响评价［M］．北京：高等教育出版社，2001.

［76］罗晓光，何永楠，李永鹤．城市大型超市网点研究——以哈尔滨市为例［J］．城市发展研究，2011，18（1）：1-6.

［77］罗彦，周春山．城市商业空间结构问题与优化探讨［J］．商业经济与管理，2005（159）：22-26.

［78］吕斌，曹娜．中国城市空间形态的环境绩效评价［J］．城市发展研究，2011，18（7）：38-47.

［79］吕斌，祁磊．紧凑城市理论对我国城市化的启示［J］．城市规划学刊，2008（4）：61-63.

［80］马清裕，张文尝．北京市居住郊区化分布特征及其影响因素［J］．地理研究，2006，25（1）：121-130.

［81］马晓龙．西安市大型零售商业空间结构与市场格局研究［J］．商业区规划，2007，31（2）：55-61.

［82］马新华．社区商业与居住生活区的规划布局分析［J］．住宅科技，2006（9）：6-9.

［83］毛文永．生态环境影响评价概论［M］．北京：中国环境科学出版社，1998.

［84］牟忠霞，王文勇，翟晓丽．战略环境影响评价及其方法简述［J］.

城乡规划与环境建设，2005，25（4）：11-12.

[85] 宁越敏.上海市区商业中心区位的探讨 [J]. 地理学报，1984，39(2)：163-172.

[86] 彭娟.我国餐饮零售连锁经营业态形成及分类 [J]. 商场现代化，2007（496）：7-8.

[87] 彭娟.我国服务零售连锁经营业态形成及分类 [J]. 商业经济，2007（5）：16-18.

[88] 戚伟，李颖，刘盛和，等.城市昼夜人口空间分布的估算及其特征——以北京市海淀区为例 [J]. 地理学报，2013，68（10）：1344 1356.

[89] 齐大芝.北京商业史 [M]. 北京：人民出版社，2011.

[90] [日] 浅见泰司.居住环境：评价方法与理论 [M]. 高晓路，张文忠，等，译.北京：清华大学出版社，2006.

[91] 桑义明，肖玲.商业地理研究的理论与方法回顾 [J]. 人文地理，2003，18（6）：67-76.

[92] 沈乐.中心商业区环境安全管理与控制 [J]. 安全与环境学报，2004，4（5）：86-88.

[93] 施俊.商业环境设计对购物空间的影响 [J]. 商业研究，2007(503)：58-59.

[94] 孙鹏，王兴中.西方社区环境中零售业区位论的一些规律（二）[J]. 人文地理，2002，17（3）：22-25.

[95] 孙鹏，王兴中.西方社区环境中零售业区位论的一些规律（一）[J]. 人文地理，2002，17（2）：63-66.

[96] [美] 托尼·肯特，欧基尼·奥马尔.什么是零售 [M]. 爱丁，等，译.北京：电子工业出版社，2004.

[97] 王兵，吴延瑞，颜鹏飞.中国区域环境效率与环境全要素生产率增长 [J]. 经济研究，2010（5）：95-109.

[98] 王德，叶晖，朱玮，等.南京东路消费者行为基本分析 [J]. 城市规划汇刊，2003（2）.

[99] 王法辉.基于 GIS 的数量方法与应用 [M]. 姜世国，滕骏华，译.

北京：商务印书馆，2009.

［100］王海忠．商圈研究的理论模型［J］．市场与人口分析，1999，5（3）：23-25.

［101］王航，胡巍巍．改进的粒子群算法在商业网点选址中的应用［J］．地理空间信息，2012，10（3）：136-138.

［102］王慧，田萍萍，刘红，等．西安城市CBD体系发展演进的特征与趋势［J］．地理科学，2007，27（1）：31-39.

［103］王劲峰，廖一兰，刘鑫，等．空间数据分析教程［M］．北京：科学出版社，2010.

［104］王俊能，许振成，胡习邦，等．基于DEA理论的中国区域环境效率分析［J］．中国环境科学，2010，30（4）：565-570.

［105］王连龙．秦皇岛市商业低碳化研究［J］．中国环境管理干部学院学报，2012，22（6）：37-40.

［106］王润福，曹金亮．煤矿区土壤环境质量评价［J］．水文地质工程地质，2008（4）：120-122+125.

［107］王希来．城市商业网点的科学化布局［J］．北京市财贸管理干部学报，2002，18（2）：19-21.

［108］王晓军．多指标综合评价中指标无量纲化方法的探讨［J］．人口研究，1993（4）：47-51.

［109］王训国，丁永生，游艳琴．居住区环境质量评价体系的构建及其应用［C］．第六届中国青年运筹与管理学者大会论文集，2004.

［110］王震，石磊，等．区域工业生态效率的测算方法及应用［J］．中国人口·资源与环境，2008，18（6）：121-126.

［111］王志杰，李畅游，张生，等．改进密切值法在乌梁素海富营养化评价中的应用［J］．水资源与水工程学报，2008（4）：20-23.

［112］邬翊光，黄士正．关于在北京市建设新的全市性商业中心的建议［J］．城市问题，1986（1）：40-47.

［113］吴宁．模糊综合法在城市环境质量评价中的应用［J］．气象科技，2005，33（6）：548-549.

[114] 吴小丁．哈夫模型与城市商圈结构分析方法［J］．财贸经济，2001（3）：71-73.

［115］吴秀芹，张艺潇，吴斌，等．沙区聚落模式及人居环境质量评价研究——以宁夏盐池县北部风沙区为例［J］．地理研究，2010（9）：1683-1694.

［116］吴郁文，谢彬，骆慈广，等．广州市城区零售商业企业区位布局的探讨［J］．地理科学，1988，8（3）：208-217.

［117］吴志强，李德华．城市规划原理（第四版）［M］．北京：中国建筑工业出版社，2010.

［118］仵宗卿，柴彦威．论城市商业活动空间结构研究的几个问题［J］．经济地理，2000，20（1）：115-119.

［119］仵宗卿，柴彦威．商业活动与城市商业空间结构研究［J］．地理学与国土研究，1999（3）：20-24.

［120］仵宗卿，戴学珍．北京市商业中心的空间结构研究［J］．城市规划，2001，25（10）：15-19.

［121］肖亮．城市街区尺度研究［D］．上海：同济大学，2006.

［122］徐莉燕．绿色建筑评价方法及模型研究［D］．上海：同济大学，2006.

［123］徐燕，周华荣．初论我国生态环境质量评价研究进展［J］．干旱区地理，2003，26（2）：166-171.

［124］许旭，金凤君，刘鹤．产业发展的资源环境效率研究进展［J］．地理科学进展，2010，29（12）：1509-1517.

［125］薛领，杨开忠．基于空间相互作用模型的商业布局——以北京市海淀区为例［J］．地理研究，2005，24（2）：265-273.

［126］鄢超，杨凌霄，董灿．济南冬季典型商业室内环境颗粒物污染特征［J］．中国环境科学，2012，32（4）：584-592.

［127］颜梅春，王元超．区域生态环境质量评价研究进展与展望［J］．生态环境学报，2012，21（10）：1781-1788.

［128］杨靖，马进．与城市互动的住区商业形态设计［J］．华中建筑，2007，25（10）：113-117.

［129］杨丽君，朱华岚，吴健平．基于 GIS 的零售业商圈分析［J］．遥感技术与应用，2003（3）．

［130］杨青山，张郁，李雅军．基于 DEA 的东北地区城市群环境效率评价［J］．经济地理，2012，32（9）：51–60.

［131］杨吾扬，张靖宜，崔家立，等．商业地理学——理论基础与中国商业地理［M］．兰州：甘肃人民出版社，1987.

［132］杨吾扬．北京市零售商业与服务业中心和网点的过去、现在和未来［J］．地理学报，1994，29（1）：9–17.

［133］杨艳．城市商业形态演进研究［D］．西安：长安大学，2011.

［134］杨雁翔，连晓霞．联合分析研究文献综述［J］．现代农业，2010（5）：198–199.

［135］叶强，谭怡恬，赵学彬，等．基于 GIS 的城市商业网点规划实施效果评估［J］．地理研究，2013，32（2）：317–325.

［136］叶文虎，栾胜基．环境质量评价学［M］．北京：高等教育出版社，1994.

［137］叶亚平，刘鲁君．中国省域生态环境质量评价指标体系研究［J］．环境科学研究，2000，13（3）：33–36.

［138］叶宗裕．关于多指标综合评价中指标正向化和无量纲化方法的选择［J］．浙江统计，2003（4）：25–26.

［139］于维洋，刘璀．绿色生态住宅小区环境性能评价研究［J］．中国人口·资源与环境，2007（4）：67–72.

［140］余新发．中国商业变革与与创新［M］．上海：上海财经大学出版社，1997.

［141］翟森竞，柴华奇．BP 神经网络在大型超市选址中的应用［J］．工业工程，2006，9（4）：109–112.

［142］张炳，黄和平，毕军．基于物质流分析和数据包络分析的区域生态效率评价——以江苏省为例［J］．生态学报，2009，29（5）：2473–2480.

［143］张健．推进规划环评工作的实践和思考［J］．能源环境保护，2008（6）：55–56.

[144] 张景秋．北京城市商业中心布局的演变［C］．北京学研究文集，2007.

[145] 张素丽，张得志．北京区县消费品零售市场差异探析［J］．人文地理，2001，16（3）：79-83.

[146] 张卫华，赵明军．指标无量纲化方法对综合评价结果可靠性的影响及其实证分析［J］．统计与信息论坛，2005，20（3）：33-36.

[147] 张文君，顾行发，陈良富，等．基于均值—标准差的 K 均值初始聚类中心选取算法［J］．遥感学报，2006（5）：715-721.

[148] 张文忠，李业锦．北京城市居民消费区位偏好与决策行为分析——以西城区和海淀中心地区为例［J］．地理学报，2006，61（10）：1037-1045.

[149] 张文忠，李业锦．北京市商业布局的新特征和趋势［J］．商业研究，2005（316）：170-172.

[150] 张文忠．城市内部居住环境评价的指标体系和方法［J］．地理科学，2007，27（1）：17-23.

[151] 张文忠．经济区位论［M］．北京：科学出版社，2000.

[152] 张艳，柴彦威，颜亚宁．城市社区周边商业环境的特征与评价——基于北京市内 7 个社区的调查［J］．城市规划，2008，15（6）：62-69.

[153] 张燕文．基于空间聚类的区域经济差异分析方法［J］．经济地理，2006（26）：557-560.

[154] 张永清．商业业态及其对城市商业空间结构的影响［J］．人文地理，2002，17（5）：36-40.

[155] 张宇，吴璟．基于零售物业竞争关系的商圈测定方法［J］．商业研究，2007（364）：194-197.

[156] 张子民，周英，李琦，等．城市局域动态人口估算方法与模拟应用［J］．地球信息科学学报，2010，12（4）：503-509.

[157] 章英华．20 世纪初北京的内部结构：社会区位的分析［J］．新史学（创刊号），1999.

[158] 赵冬梅，贺明．浅议商业环境中的男性公共空间［J］．新建筑，

2005（2）：70-71.

［159］赵利容，王新明，李龙凤．商业步行街的环境空气污染［J］．环境监测管理与技术，2005，17（5）：35-37.

［160］赵民，陶小马．城市发展和城市规划的经济学原理［M］．北京：高等教育出版社，2001.

［161］赵倩，王德，朱玮．基于叙述性偏好法的城市居住环境质量评价方法研究［J］．地理科学，2013，3（1）：8-15.

［162］赵卫锋，李清泉，李必军．利用城市POIs数据提取分层地标［J］．遥感学报，2011（5）：981-989.

［163］赵宇，张京祥．消费型城市的增长方式及其影响研究——以北京市为例［J］．城市发展研究，2009（4）：83-89.

［164］中国城市科学研究会．中国低碳生态城市发展战略［M］．北京：中国城市出版社，2009.

［165］中国大百科全书总编辑委员会．中国大百科全书（第二版）［M］．北京：中国大百科全书出版社，2009.

［166］周华荣．新疆生态环境质量评价指标体系研究［J］．中国环境科学，2000，20（2）：150-153.

［167］周素红，林耿，闫小培．广州市消费者行为与商业业态空间及居住空间分析［J］．地理学报，2008，63（4）：359-404.

［168］朱爱云．适应商业环境变化的战略管理会计探析［J］．商业经济，2007（297）：53-54.

［169］朱峰，宋晓东．基于GIS的大型百货零售商业设施布局分析［J］．武汉大学学报，2003，36（3）：46-52.

［170］朱求安，张万昌，赵登忠．基于PRISM和泰森多边形的地形要素日降水量空间插值研究［J］．地理科学，2005，25（2）：233-238.

［171］朱晓华，杨秀春，谢志仁．江苏省生态环境质量动态评价研究［J］．经济地理，2002，22（1）：97-100.

［172］祝绯飞，李秀央．环境质量评价的研究与进展［J］．中国公共卫生，2001，17（6）：567-568.

[173] Appu Haapio. Towards sustainable urban communities [J]. Environmental Impact Assessment Review, 2012 (32): 165-169.

[174] Arentze T., Timmermans H. Impact of institutional change on shopping patterns: Application of a multi-agent model of activity-travelbehavior [J]. Worker Paper, 2005, 5 (3): 57.

[175] Brian J. L. Berry. Market centers and retail location: Theory and applications [J]. Computers, Environment and Urban System, 1989, 13 (1): 51-54.

[176] Besag J. Contribution to the discussion of Dr. Ripley's paper [J]. Journal of the Royal Statistical Society, 1977 (B39): 193-195.

[177] B. Stigson. Eco-efficiency: Creating more value with less impact [J]. WBCSD, 2000 (1): 5-36.

[178] Bloomberg Michael R. City of new york: Inventory of new york city greenhouse gas emissions [J]. Atmospheric and Climate Sciences, 2018, 9 (1).

[179] Breheny M. Sustainable development and urban form [J]. European Research in Regional Science, 1992 (2).

[180] Brian Stone Jr. Urban sprawl and air quality in large US cities [J]. Journal of Environmental Management, 2008, 4 (86): 688-698.

[181] Caussade S., Ortúzar J. de D., Rizzi L. I., Hensher D. A. Assessing the influence of design dimensions on stated choice experiment estimates [J]. Transportation Research Part B, 2005, 39 (7): 621-640.

[182] Charmondusit K., Keartpakpraek K. Eco-efficiency evaluation of the petroleum and petrochemical group in the map Ta Phut industrial estate, Thailand [J]. Journal of Cleaner Production, 2011, 19 (2): 241-252.

[183] Davies R. L. Structural models of retail distribution: Analogies with settlement and land-use theories [J]. Transactions of the Institute of British Geographers, 1972, 57 (11): 59-82.

[184] Freeman A. M., Haveman R. H., Kneese A. V. Economics of environmental policy [M]. New York: John Wiley and Sons, Inc., 1973.

[185] Greater London Authority. Action today to protect tomorrow: The mayor's

climate change action plan [M]. London: Greater London Authority City Hall, 2007.

[186] Helena Nordh, Chaham Alalouch, Terry Hartig. Assessing restorative components of small urban parks using conjoint methodology [J]. Urban Forestry and Urban Greening, 2011, 10 (2): 95-103.

[187] Huff D. L. A probabilistic analysis of shopping center trade areas [J]. Land Economics, 1963 (39): 81-90.

[188] Huff D. L. Parameter estimation in the Huff model [J]. ArcUser (Oct. -Nov.), 2003 (1): 34-36.

[189] Huppes G., Ishikawa M. A framework for quantified eco-efficiency analysis [J]. Journal of Industrial Ecology, 2005, 9 (4): 25-41.

[190] ICLEI. The Cities for Climate Protection Campaign (CCPC) and the framing of local climate policy [J]. Local Environment, 2004, 9 (4): 325-336.

[191] IPCC. Summary for policymakers of climate change 2007: The physical science basis. Contribution of working group i to the fourth assessment report of the intergovernmental panel on climate change [J]. Cambridge: Cambridge University Press, 2007, 18 (2): 95-123.

[192] Ji Zhao, Reza Iranpour, Xinyong Li et al. Regional environmental performance assessment based on psr model—A case of Tianjin [J]. Advance Materials Research, 2013 (726-731): 1169-1173.

[193] Jianli Zhao and Qiuxia Sun. Model and simulation of data aggregation based on voronoi diagram in hierarchical sensor network [J]. Springer, 2012 (10): 107-113.

[194] Jones K. G., Simmons J. The retail environment [M]. London: Roulegde, 1990.

[195] K. R. Guruprasad and Debasish Ghose. Heterogeneous locational optimisation using a generalised Voronoi partition [J]. International Journal of Control, 2013, 86 (6): 977-993.

[196] Knight Robert L., D. Mark Menchik. Conjoint preference estimation for residential land use policy evaluation [R]. Santa Monica, CA: RAND Corporation, 1974.

[197] Long Y., Han H. Y., Yu X. Discovering functional zones using bus smart card data and points of interest in Beijing [R]. Working Paper, 2012.

[198] Louise Crewe. Geographies of retailing and consumption [J]. Progress Human Geography, 2000 (2).

[199] Marull J., Pino J., Mallarch J. M. A land suitability index for strategic environmental assessment in metropolitan areas [J]. Landscape and Urban Planning, 2007 (81): 200-212.

[200] Max Weber's. Prefactory remarks' to collected essays in thesociology of religion (1920) [A] // Stephen Kalberg. The protestant ethic and the spirit of capitalism. third roxbury edition [M]. Los Angeles: Roxbury Publishing Co, 2002: 149-164.

[201] Melanen M., Koskela S., Maenpaa I., et al. The eco-efficiency of regions-case kymenlaakso: ECOREG project 2002-2004 [J]. Management of Environmental Quality, 2004, 15 (1): 33-40.

[202] Mike Jenks, Elizabeth Burton, Katie Williams. The compact city: A sustainable urban form [M]. London: E & FN Spon, 1996.

[203] Morales M. A., Herrero V. M., Martinez S. A., et al. Cleaner production and methodological proposal of eco-efficiency measurement in a mexican petrochemical complex [J]. Water Science & Technology, 2006, 153 (11): 11-16.

[204] O'elly M. E. Trade-area models and choice-based samples: Methods [J]. Environment and Planning A, 1999, 31 (4): 613-627.

[205] Ortolano L., Jenkins B., Abracosa R. When and why EIA is effective [J]. Environmental Impact Assessment Review, 1987, 7 (4): 285-292.

[206] Pearmain D., Swanson J., Kroes E., Bradley M. Stated Preference technique: A guide to practice, 2nd ed [M]. Richmond: Steer Davies Gleave and Hague Consulting Group, 1991.

[207] Peter C. Boxall, Wiktor L. Adamowicz, Joffre Swait, et al. Acomparison of stated preference methods for environmental valuation [J]. Ecological Economics, 1996, 18 (3): 243-253.

[208] Pickett S. T. A., Cadenasso M. L., Grove J. M. Resilient cities: Meaning, models, and metaphor for integrating the ecological socio-economic, and planning realms [J]. Landscape and Urban Planning, 2004 (69): 369-384.

[209] Qiu Man, Du Mingyi, and Liu Yang. Application of Voronoi diagrams and multiangle measurable image in the urban POI location and site generation [C]. IET International Conference on Information Science and Control Engineering, 2014.

[210] Quariguasi Frota Neto J., Walther G., Bloemhof J., et al. A methodology for assessing eco-efficiency in logistics networks [J]. European Journal of Operational Research, 2009, 193 (3): 670-682.

[211] Sara L., Malaffety, Ghosh Avijit. Multipurpose shopping and location of retailing firm [J]. Geographical Analysis, 1986 (3).

[212] Seppala J., Melanen M. How can the eco-efficiency of a region be measured and monitored [J]. Journal of Industrial Ecology, 2005, 9 (4): 117-130.

[213] Silverman B. W. Density estimation for statistics and data analysis [M]. New York: Chapman & Hall, 1986.

[214] Stefan Schaltegger, Andreas Sturm. Kologische rationalitt [J]. Die Unternehmung, 1990, 4 (4): 273-290.

[215] T. Hartshorn. Interpreting the city: An urban geography. 2nd edition [M]. Wiley, 1998.

[216] Talukdar D., Gauri D. K., Grewal D. An empirical analysis of the extreme cherry picking behavior of consumers in the frequently purchased goods market [J]. Journal of Retailing, 2010, 86 (4): 336-354.

[217] Therivel Riki, Wilson Elizabeth, Thomson Steward, et al. Strategic environmental assessment [M]. London: Earthscan Publication Ltd., 1992.

[218] Turley L. W., Milliman R. E. Atmospheric effects on shopping behavior: A Review of the experimental evidence [J]. Journal of Business Research, 2000, 49 (2): 193-211.

[219] Van Poll Ricvan. The perceived quality of the urban residential environment: A multi-attribute evaluation [D]. Groningen: Rijksuniversiteit Groni ngen, 1997.

[220] Wang Donggen, Li Siming. Socio-economic differentials and stated housing preferences in Guangzhou, China [J]. Habitat International, 2006 (30): 305-326.

[221] WBCSD. Eco-efficiency: Creating more value with less impact [R]. Conches-Geneva Switzerland: World Business Council for Sustainable Development, 2000: 4-10.

[222] Wood C. Evaluation impact assessment systems [J]. Integrated Environment Management, 1994, 30 (7): 12.

[223] Zurlini G., Zaccarelli N., Petrosillo I. Indicating retrospective resilience of multi-scale patterns of real habitats in a landscapc [J]. Ecological Indicators, 2006 (6): 184-204.

附　录

附录一：　顾客调查问卷

问卷一：

城市商业区环境性能评价问卷调查

尊敬的女士和先生，您好！我们是中国科学院地理科学与资源研究所的研究生，为了解北京市商业区的现状以及消费者对购物环境的满意度，我们利用暑假时间开展这次问卷调查。本调查不要求您填写您的姓名或详细个人信息，数据仅用于学术研究。请您根据实际情况填写，衷心感谢您的配合和参与！

一、消费者基本信息与购物基本情况

1. 您的性别：

　A. 男　　B. 女

2. 您的年龄：

　A. 20岁以下　　B. 20~30岁　　C. 30~40岁

　D. 40~50岁　　E. 50~60岁　　F. 60岁以上

3. 您家庭的月收入：

　A. 小于4000元　　B. 4000~8000元　　C. 8000~1.5万元

　D. 1.5万~3万元　　E. 3万元以上

4. 您的居住地是：

A. 外市　　B. 本市区

5. 您来这个商业区的主要目的是（可多选）：

A. 购物　　B. 休闲娱乐　　C. 饮食

D. 观光旅游　　E. 聚友　　F. 商务其他

6. 您到这里的交通工具是（可多选）：

A. 步行　　B. 自行车　　C. 公交车

D. 地铁　　E. 出租车　　F. 自驾车

7. 您经常来这个商业区吗？

A. 第一次来　　B. 一两年一次　　C. 半年一次

D. 一两个月一次　　E. 一个月多次

二、商业区环境性能调查

1. 您对该商业区的温度、湿度、通风效果等微气候是否感到舒适？

A. 非常舒适　　B. 比较舒适　　C. 一般

D. 不舒适　　E. 非常不舒适

2. 您觉得该商业区是否环境优美，让您购物愉悦？

A. 优美　　B. 比较优美　　C. 一般

D. 较差　　E. 很差

3. 您认为该商业区能否代表附近地区的形象？

A. 名气很大，全国知名

B. 名气较大，全市知名

C. 名气一般，基本可以代表这一带的形象

D. 名气较小

E. 名气很小

4. 您认为该商业区车流量大吗（车多吗）？是否影响到购物休闲（如交通安全难以保障、交通环境混乱影响购物休闲便利性和心情）？

A. 车很少，不影响购物休闲，停车方便

B. 车不多，交通有序，不影响购物休闲，停车较方便

C. 一般，交通较为有序，轻微影响购物休闲，停车较方便

D. 车较多，交通较繁杂，对购物休闲造成一定的影响，停车较困难

E. 车很多，交通混乱，严重影响购物休闲，停车十分困难

5. 您认为该商业区商品和服务的档次如何？

A. 很高　　B. 较高　　C. 一般

D. 较差　　E. 很差

6. 您对该商业区购物条件的满意程度如何：

A. 非常满意　　B. 比较满意　　C. 一般

D. 不满意　　E. 非常不满意

（1）交通管理情况：

（2）治安情况：

（3）配套设施（街椅、垃圾箱、公共厕所等）：

（4）服务管理：

（5）卫生条件（街道清洁度）：

7. 您对该商业区的污染情况如何评价？

A. 没有　　B. 基本没有　　C. 一般

D. 严重　　E. 非常严重

（1）噪声污染：　　（2）光污染：　　（3）污水污染：

（4）粉尘污染：　　（5）气味污染：　　（6）垃圾污染：

三、选择游戏：下面每组商业区，除了以下列出的方面可能有差别外，其他方面完全相同，那么您会选择哪个（每组分别选择一个）？请在商业区栏里直接打钩

第一组：环境品质（自然）A：

商业区	绿地覆盖率	绿地景观质量（绿地景观规划是否美观）	水体面积占比	水体景观质量（水体景观如喷泉、溪流等规划是否美观）	人体舒适度（对温度、湿度、风速等的体感舒适度）
商业区 3	绿地较少	绿地景观设计较差	水体面积较小	水体景观设计比较美观	舒适

续表

商业区	绿地覆盖率	绿地景观质量（绿地景观规划是否美观）	水体面积占比	水体景观质量（水体景观如喷泉、溪流等规划是否美观）	人体舒适度（对温度、湿度、风速等的体感舒适度）
商业区 4	绿地较多	绿地景观设计比较美观	水体面积较小	水体景观设计比较美观	不舒适

第二组：环境品质（人文：交通）A：

商业区	公交便利性（1000 米范围内公交线数量）	地铁便利性（1000 米范围内是否有地铁站）	停车场车位情况	道路面占比（路面宽度）	交通控制管理情况
商业区 1	不方便	没有	车位宽松	路面宽阔	较好
商业区 2	不方便	有	车位紧张	路面宽阔	较差

第三组：环境负荷（污染）F：

商业区	噪声污染情况	光污染情况（灯光对视觉和身体产生的不良影响）	污水污染情况	粉尘污染情况	气味污染情况	垃圾排放情况
商业区 2	严重	不严重	不严重	不严重	不严重	不严重
商业区 4	不严重	严重	严重	不严重	不严重	严重

第四组：综合 A：

商业区	绿地覆盖率	公交便利性（1000 米范围内公交线数量）	便民设施（ATM、街椅、垃圾箱、公共厕所、信息指示牌、派出所）	街道清扫维护质量（街道清洁度）	商铺个数及规模	车流量情况	噪声污染情况
商业区 1	绿地较多	不方便	比较便利	较好	规模大、数量多	少	严重
商业区 2	绿地较少	不方便	不太便利	较好	规模小、数量少	少	不严重

问卷二至问卷十五的一、二部分同问卷一，SP 选择部分不同，下面将问卷二至问卷十五的第三部分附上。

问卷二：

第一组：环境品质（自然）B：

商业区	绿地覆盖率	绿地景观质量（绿地景观规划是否美观）	水体面积占比	水体景观质量（水体景观如喷泉、溪流等规划是否美观）	人体舒适度（对温度、湿度、风速等的体感舒适度）
商业区 2	绿地较少	绿地景观设计较差	水体面积较大	水体景观设计比较美观	不舒适
商业区 6	绿地较多	绿地景观设计比较美观	水体面积较大	水体景观设计较差	舒适

第二组：环境品质（人文：交通）B：

商业区	公交便利性（1000 米范围内公交线数量）	地铁便利性（1000 米范围内是否有地铁站）	停车场车位情况	道路面占比（路面宽度）	交通管理控制情况
商业区 3	方便	没有	车位宽松	路面宽阔	较差
商业区 4	方便	没有	车位紧张	路面宽阔	较好

第三组：环境负荷（污染）G：

商业区	噪声污染情况	光污染情况（灯光对视觉和身体产生的不良影响）	污水污染情况	粉尘污染情况	气味污染情况	垃圾排放情况
商业区 1	不严重	严重	不严重	不严重	严重	不严重
商业区 4	不严重	严重	严重	不严重	不严重	严重

第四组：综合 B：

商业区	绿地覆盖率	公交便利性（1000 米范围内公交线数量）	便民设施（ATM、街椅、垃圾箱、公共厕所、信息指示牌、派出所）	街道清扫维护质量（街道清洁度）	商铺个数及规模	车流量情况	噪声污染情况
商业区 3	绿地较多	不方便	不太便利	较差	规模大、数量多	多	不严重

续表

商业区	绿地覆盖率	公交便利性（1000米范围内公交线数量）	便民设施（ATM、街椅、垃圾箱、公共厕所、信息指示牌、派出所）	街道清扫维护质量（街道清洁度）	商铺个数及规模	车流量情况	噪声污染情况
商业区4	绿地较多	方便	不太便利	较差	规模小、数量少	少	严重

问卷三：

第一组：环境品质（自然）D：

商业区	绿地覆盖率	绿地景观质量（绿地景观规划是否美观）	水体面积占比	水体景观质量（水体景观如喷泉、溪流等规划是否美观）	人体舒适度（对温度、湿度、风速等的体感舒适度）
商业区1	绿地较少	绿地景观设计比较美观	水体面积较小	水体景观设计较差	不舒适
商业区2	绿地较少	绿地景观设计较差	水体面积较大	水体景观设计比较美观	不舒适

第二组：环境品质（人文：交通）D：

商业区	公交便利性（1000米范围内公交线数量）	地铁便利性（1000米范围内是否有地铁站）	停车场车位情况	道路面占比（路面宽度）	交通控制管理情况
商业区2	不方便	有	车位紧张	路面宽阔	较差
商业区4	方便	没有	车位紧张	路面宽阔	较好

第三组：环境品质（人文：安全、设施）A：

商业区	治安情况（对盗窃、抢劫等社会治安问题的控制管理情况）	安全设施（如防护栏、消防、紧急处理设施等）	开敞空间比例及质量（紧急避难场所）	便民设施（ATM、街椅、垃圾箱、公共厕所、信息指示牌、派出所）	无障碍设施（老年人、残疾人、儿童、孕妇等特殊人群的各种无障碍设施）
商业区1	良好	比较齐全	较好	不太便利	不太便利

续表

商业区	治安情况（对盗窃、抢劫等社会治安问题的控制管理情况）	安全设施（如防护栏、消防、紧急处理设施等）	开敞空间比例及质量（紧急避难场所）	便民设施（ATM、街椅、垃圾箱、公共厕所、信息指示牌、派出所）	无障碍设施（老年人、残疾人、儿童、孕妇等特殊人群的各种无障碍设施）
商业区 2	不太好	不太齐全	较差	比较便利	不太便利

第四组：综合 H：

商业区	绿地覆盖率	公交便利性（1000 米范围内公交线数量）	便民设施（ATM、街椅、垃圾箱、公共厕所、信息指示牌、派出所）	街道清扫维护质量（街道清洁度）	商铺个数及规模	车流量情况	噪声污染情况
商业区 4	绿地较多	方便	不太便利	较差	规模小、数量少	少	严重
商业区 6	绿地较多	方便	比较便利	较好	规模小、数量少	多	不严重

问卷四：

第一组：环境品质（自然）C：

商业区	绿地覆盖率	绿地景观质量（绿地景观规划是否美观）	水体面积占比	水体景观质量（水体景观如喷泉、溪流等规划是否美观）	人体舒适度（对温度、湿度、风速等的体感舒适度）
商业区 3	绿地较少	绿地景观设计较差	水体面积较小	水体景观设计比较美观	舒适
商业区 5	绿地较多	绿地景观设计较差	水体面积较小	水体景观设计较差	不舒适

第二组：环境品质（人文：交通）C：

商业区	公交便利性（1000 米范围内公交线数量）	地铁便利性（1000 米范围内是否有地铁站）	停车场车位情况	道路面占比（路面宽度）	交通控制管理情况
商业区 2	不方便	有	车位紧张	路面宽阔	较差
商业区 3	方便	没有	车位宽松	路面宽阔	较差

第三组：综合 C：

商业区	绿地覆盖率	公交便利性（1000 米范围内公交线数量）	便民设施（ATM、街椅、垃圾箱、公共厕所、信息指示牌、派出所）	街道清扫维护质量（街道清洁度）	商铺个数及规模	车流量情况	噪声污染情况
商业区 5	绿地较少	方便	不太便利	较好	规模大、数量多	多	严重
商业区 6	绿地较多	方便	比较便利	较好	规模小、数量少	多	不严重

问卷五：

第一组：环境品质（自然）E：

商业区	绿地覆盖率	绿地景观质量（绿地景观规划是否美观）	水体面积占比	水体景观质量（水体景观如喷泉、溪流等规划是否美观）	人体舒适度（对温度、湿度、风速等的体感舒适度）
商业区 2	绿地较少	绿地景观设计较差	水体面积较大	水体景观设计比较美观	不舒适
商业区 4	绿地较多	绿地景观设计比较美观	水体面积较小	水体景观设计比较美观	不舒适

第二组：环境品质（人文：交通）E：

商业区	公交便利性（1000 米范围内公交线数量）	地铁便利性（1000 米范围内是否有地铁站）	停车场车位情况	道路面占比（路面宽度）	交通控制管理情况
商业区 3	方便	没有	车位宽松	路面宽阔	较差
商业区 5	方便	有	车位宽松	路面狭窄	较好

第三组：环境品质（人文：安全、设施）B：

商业区	治安情况（对盗窃、抢劫等社会治安问题的控制管理情况）	安全设施（如防护栏、消防、紧急处理设施等）	开敞空间比例及质量（紧急避难场所）	便民设施（ATM、街椅、垃圾箱、公共厕所、信息指示牌、派出所）	无障碍设施（老年人、残疾人、儿童、孕妇等特殊人群的各种无障碍设施）
商业区 5	不太好	比较齐全	较好	比较便利	比较便利
商业区 6	良好	比较齐全	较差	不太便利	比较便利

问卷六：

第一组：环境品质（自然）F：

商业区	绿地覆盖率	绿地景观质量（绿地景观规划是否美观）	水体面积占比	水体景观质量（水体景观如喷泉、溪流等规划是否美观）	人体舒适度（对温度、湿度、风速等的体感舒适度）
商业区 1	绿地较少	绿地景观设计比较美观	水体面积较小	水体景观设计较差	不舒适
商业区 3	绿地较少	绿地景观设计较差	水体面积较小	水体景观设计比较美观	舒适

第二组：环境品质（人文：交通）F：

商业区	公交便利性（1000 米范围内公交线数量）	地铁便利性（1000 米范围内是否有地铁站）	停车场车位情况	道路面占比（路面宽度）	交通控制管理情况
商业区 1	不方便	没有	车位宽松	路面宽阔	较好
商业区 3	方便	没有	车位宽松	路面宽阔	较差

第三组：环境品质（人文：安全、设施）C：

商业区	治安情况（对盗窃、抢劫等社会治安问题的控制管理情况）	安全设施（如防护栏、消防、紧急处理设施等）	开敞空间比例及质量（紧急避难场所）	便民设施（ATM、街椅、垃圾箱、公共厕所、信息指示牌、派出所）	无障碍设施（老年人、残疾人、儿童、孕妇等特殊人群的各种无障碍设施）
商业区 1	良好	比较齐全	较好	不太便利	不太便利

续表

商业区	治安情况（对盗窃、抢劫等社会治安问题的控制管理情况）	安全设施（如防护栏、消防、紧急处理设施等）	开敞空间比例及质量（紧急避难场所）	便民设施（ATM、街椅、垃圾箱、公共厕所、信息指示牌、派出所）	无障碍设施（老年人、残疾人、儿童、孕妇等特殊人群的各种无障碍设施）
商业区 3	良好	不太齐全	较好	比较便利	比较便利

问卷七：

第一组：环境品质（人文：安全、设施）D：

商业区	治安情况（对盗窃、抢劫等社会治安问题的控制管理情况）	安全设施（如防护栏、消防、紧急处理设施等）	开敞空间比例及质量（紧急避难场所）	便民设施（ATM、街椅、垃圾箱、公共厕所、信息指示牌、派出所）	无障碍设施（老年人、残疾人、儿童、孕妇等特殊人群的各种无障碍设施）
商业区 2	不太好	不太齐全	较差	比较便利	不太便利
商业区 6	良好	比较齐全	较差	不太便利	比较便利

第二组：环境品质（人文：管理、卫生、审美）A：

商业区	问题及行政事务处理能力	街道清扫维护质量（街道清洁度）	组合景观美学（景观设计是否美观）	与周围景观协调性（与周围住宅区等其他地区景观是否协调）
商业区 2	较好	较好	不太美观	较协调
商业区 3	较差	较好	较美观	不太协调

第三组：社会服务量 A：

商业区	历史文化底蕴	在该地区的名气	商铺个数及规模	业态种类数量
商业区 1	底蕴浅薄	名气较小	规模大、数量多	种类较少
商业区 5	底蕴浓厚	名气较大	规模小、数量少	种类较少

问卷八：

第一组：环境品质（人文：安全、设施）E：

商业区	治安情况（对盗窃、抢劫等社会治安问题的控制管理情况）	安全设施（如防护栏、消防、紧急处理设施等）	开敞空间比例及质量（紧急避难场所）	便民设施（ATM、街椅、垃圾箱、公共厕所、信息指示牌、派出所）	无障碍设施（老年人、残疾人、儿童、孕妇等特殊人群的各种无障碍设施）
商业区 1	良好	比较齐全	较好	不太便利	不太便利
商业区 5	不太好	比较齐全	较好	比较便利	比较便利

第二组：环境品质（人文：管理、卫生、审美）B：

商业区	问题及行政事务处理能力	街道清扫维护质量（街道清洁度）	组合景观美学（景观设计是否美观）	与周围景观协调性（与周围住宅区等其他地区景观是否协调）
商业区 2	较好	较好	不太美观	较协调
商业区 5	较好	较差	较美观	较协调

第三组：社会服务量 B：

商业区	历史文化底蕴	在该地区的名气	商铺个数及规模	业态种类数量
商业区 2	底蕴浅薄	名气较大	规模大、数量多	种类较多
商业区 3	底蕴浓厚	名气较小	规模大、数量多	种类较多

问卷九：

第一组：环境品质（人文：安全、设施）F：

商业区	治安情况（对盗窃、抢劫等社会治安问题的控制管理情况）	安全设施（如防护栏、消防、紧急处理设施等）	开敞空间比例及质量（紧急避难场所）	便民设施（ATM、街椅、垃圾箱、公共厕所、信息指示牌、派出所）	无障碍设施（老年人、残疾人、儿童、孕妇等特殊人群的各种无障碍设施）
商业区 3	良好	不太齐全	较好	比较便利	比较便利

续表

商业区	治安情况（对盗窃、抢劫等社会治安问题的控制管理情况）	安全设施（如防护栏、消防、紧急处理设施等）	开敞空间比例及质量（紧急避难场所）	便民设施（ATM、街椅、垃圾箱、公共厕所、信息指示牌、派出所）	无障碍设施（老年人、残疾人、儿童、孕妇等特殊人群的各种无障碍设施）
商业区 6	良好	比较齐全	较差	不太便利	比较便利

第二组：环境品质（人文：管理、卫生、审美）C：

商业区	问题及行政事务处理能力	街道清扫维护质量（街道清洁度）	组合景观美学（景观设计是否美观）	与周围景观协调性（与周围住宅区等其他地区景观是否协调）
商业区 1	较差	较差	不太美观	较协调
商业区 4	较好	较差	不太美观	不太协调

第三组：综合 D：

商业区	绿地覆盖率	公交便利性（1000 米范围内公交线数量）	便民设施（ATM、街椅、垃圾箱、公共厕所、信息指示牌、派出所）	街道清扫维护质量（街道清洁度）	商铺个数及规模	车流量情况	噪声污染情况
商业区 7	绿地较少	不方便	比较便利	较差	规模小、数量少	多	严重
商业区 8	绿地较少	方便	比较便利	较差	规模大、数量多	少	不严重

问卷十：

第一组：环境品质（人文：管理、卫生、审美）D：

商业区	问题及行政事务处理能力	街道清扫维护质量（街道清洁度）	组合景观美学（景观设计是否美观）	与周围景观协调性（与周围住宅区等其他地区景观是否协调）
商业区 3	较差	较好	较美观	不太协调

续表

商业区	问题及行政事务处理能力	街道清扫维护质量（街道清洁度）	组合景观美学（景观设计是否美观）	与周围景观协调性（与周围住宅区等其他地区景观是否协调）
商业区 4	较好	较差	不太美观	不太协调

第二组：社会服务量 C：

商业区	历史文化底蕴	在该地区的名气	商铺个数及规模	业态种类数量
商业区 1	底蕴浅薄	名气较小	规模大、数量多	种类较少
商业区 4	底蕴浅薄	名气较小	规模小、数量少	种类较多

第三组：环境负荷（土地、交通）A：

商业区	建筑覆盖率（建筑物密度是否过高而带来压抑感）	车流量情况	本地人流量情况	外地人流量情况
商业区 1	覆盖率高、压抑感强	多	少	少
商业区 5	覆盖率低、压抑感小	多	多	多

问卷十一：

第一组：环境品质（人文：管理、卫生、审美）E：

商业区	问题及行政事务处理能力	街道清扫维护质量（街道清洁度）	组合景观美学（景观设计是否美观）	与周围景观协调性（与周围住宅区等其他地区景观是否协调）
商业区 1	较差	较差	不太美观	较协调
商业区 3	较差	较好	较美观	不太协调

第二组：社会服务量 D：

商业区	历史文化底蕴	在该地区的名气	商铺个数及规模	业态种类数量
商业区 2	底蕴浅薄	名气较大	规模大、数量多	种类较多
商业区 5	底蕴浓厚	名气较大	规模小、数量少	种类较少

第三组：环境负荷（污染）A：

商业区	噪声污染情况	光污染情况（灯光对视觉和身体产生的不良影响）	污水污染情况	粉尘污染情况	气味污染情况	垃圾排放情况
商业区 1	不严重	严重	不严重	不严重	严重	不严重
商业区 2	严重	不严重	不严重	不严重	不严重	不严重

问卷十二：

第一组：环境负荷（土地、交通）B：

商业区	建筑覆盖率（建筑物密度是否过高而带来压抑感）	车流量情况	本地人流量情况	外地人流量情况
商业区 1	覆盖率高、压抑感强	多	少	少
商业区 3	覆盖率低、压抑感小	少	少	多

第二组：环境负荷（污染）B：

商业区	噪声污染情况	光污染情况（灯光对视觉和身体产生的不良影响）	污水污染情况	粉尘污染情况	气味污染情况	垃圾排放情况
商业区 3	严重	不严重	严重	严重	严重	不严重
商业区 4	不严重	严重	严重	不严重	不严重	严重

第三组：综合 E：

商业区	绿地覆盖率	公交便利性（1000 米范围内公交线数量）	便民设施（ATM、街椅、垃圾箱、公共厕所、信息指示牌、派出所）	街道清扫维护质量（街道清洁度）	商铺个数及规模	车流量情况	噪声污染情况
商业区 1	绿地较多	不方便	比较便利	较好	规模大、数量多	少	严重
商业区 5	绿地较少	方便	不太便利	较好	规模大、数量多	多	严重

问卷十三：

第一组：环境负荷（土地、交通）C：

商业区	建筑覆盖率（建筑物密度是否过高而带来压抑感）	车流量情况	本地人流量情况	外地人流量情况
商业区 2	覆盖率高、压抑感强	少	多	多
商业区 5	覆盖率低、压抑感小	多	多	多

第二组：环境负荷（污染）C：

商业区	噪声污染情况	光污染情况（灯光对视觉和身体产生的不良影响）	污水污染情况	粉尘污染情况	气味污染情况	垃圾排放情况
商业区 5	严重	不严重	不严重	不严重	严重	严重
商业区 6	严重	严重	不严重	严重	不严重	严重

第三组：综合 F：

商业区	绿地覆盖率	公交便利性（1000 米范围内公交线数量）	便民设施（ATM、街椅、垃圾箱、公共厕所、信息指示牌、派出所）	街道清扫维护质量（街道清洁度）	商铺个数及规模	车流量情况	噪声污染情况
商业区 2	绿地较少	不方便	不太便利	较好	规模小、数量少	少	不严重
商业区 4	绿地较多	方便	不太便利	较差	规模小、数量少	少	严重

问卷十四：

第一组：环境负荷（土地、交通）D：

商业区	建筑覆盖率（建筑物密度是否过高而带来压抑感）	车流量情况	本地人流量情况	外地人流量情况
商业区 1	覆盖率高、压抑感强	多	少	少
商业区 4	覆盖率低、压抑感小	少	多	少

第二组：环境负荷（污染）D：

商业区	噪声污染情况	光污染情况（灯光对视觉和身体产生的不良影响）	污水污染情况	粉尘污染情况	气味污染情况	垃圾排放情况
商业区 5	严重	不严重	不严重	不严重	严重	严重
商业区 7	不严重	不严重	不严重	严重	不严重	严重

第三组：综合 G：

商业区	绿地覆盖率	公交便利性（1000 米范围内公交线数量）	便民设施（ATM、街椅、垃圾箱、公共厕所、信息指示牌、派出所）	街道清扫维护质量（街道清洁度）	商铺个数及规模	车流量情况	噪声污染情况
商业区 2	绿地较少	不方便	不太便利	较好	规模小、数量少	少	不严重
商业区 5	绿地较少	方便	不太便利	较好	规模大、数量多	多	严重

问卷十五：

第一组：社会服务量 E：

商业区	历史文化底蕴	在该地区的名气	商铺个数及规模	业态种类数量
商业区 4	底蕴浅薄	名气较小	规模小、数量少	种类较多
商业区 5	底蕴浓厚	名气较大	规模小、数量少	种类较少

第二组：环境负荷（土地、交通）E：

商业区	建筑覆盖率（建筑物密度是否过高而带来压抑感）	车流量情况	本地人流量情况	外地人流量情况
商业区 1	覆盖率高、压抑感强	多	少	少
商业区 2	覆盖率高、压抑感强	少	多	多

第三组：环境负荷（污染）E：

商业区	噪声污染情况	光污染情况（灯光对视觉和身体产生的不良影响）	污水污染情况	粉尘污染情况	气味污染情况	垃圾排放情况
商业区 1	不严重	严重	不严重	不严重	严重	不严重
商业区 3	严重	不严重	严重	严重	严重	不严重

附录二：　实地调研记录及相应评价标准

商业区名称：　　　　　　记录时间：　　　　　　记录人员：

1. 绿地景观质量：

A. 很好　　　　B. 较好　　　　C. 一般

D. 较差　　　　E. 很差

A. 很好：绿地整洁，冠形清晰，趣味景观和小品数量多、质量高，欣赏价值高

B. 较好：绿地较整洁，冠形较清晰，趣味景观和小品数量较多、质量较高，欣赏价值较高

C. 一般：绿地较整洁、有冠形、有趣味景观和小品、有一定欣赏价值

D. 较差：绿地有少量杂物、无趣味景观和小品

E. 很差：无绿地或绿地整洁度很差、无趣味景观和小品

2. 水体景观质量：

A. 很好　　　　B. 较好　　　　C. 一般

D. 较差　　　　E. 很差

A. 很好：水景形式多样，各要素整体感和协调性强，意境营造有艺术品位，亲水设施很好

B. 较好：水景形式多样，各要素整体感和协调性强，较有艺术品位，亲水设施较好

C. 一般：水景形式较单一，各要素整体感和协调性强，有一定艺术品位，有一些亲水设施

D. 较差：水景形式单一，协调性较差，艺术品位不高，无亲水设施

E. 很差：无水景，或水景形式单一、品位差、无亲水设施

3. 街道清扫维护质量：

A. 很好　　B. 较好　　C. 一般

D. 较差　　E. 很差

A. 很好：商业区道路干净整洁，无垃圾杂物、污渍、积水等；树木、墙体无广告、乱涂乱画

B. 较好：商业区道路基本整洁，基本无垃圾杂物、污渍、积水等；树木、墙体基本无广告、乱涂乱画

C. 一般：商业区道路基本整洁，有少量垃圾杂物、污渍、积水等；树木、墙体有少量广告、乱涂乱画

D. 较差：商业区道路欠整洁，有一些垃圾杂物、污渍、积水等；树木、墙体有广告、乱涂乱画

E. 很差：商业区道路较脏，有较多垃圾杂物、污渍、积水等；树木、墙体有很多广告、乱涂乱画

4. 开敞空间质量：

A. 很好　　B. 较好　　C. 一般

D. 较差　　E. 很差

A. 很好：商业区楼宇布局充分满足日照间距的要求，公共绿地阳光充足，具有良好的空间开敞性

B. 较好：商业区楼宇布局基本符合日照间距的要求，有少数楼宇楼前公共空间比较阴暗；公共绿地阳光基本充足，具有较好的空间开敞性

C. 一般：商业区楼宇布局基本符合日照间距的要求，但部分楼前绿地和公共空间比较阴暗，终日难以见到阳光

D. 较差：商业区空地较少，由于不少楼宇（超过 1/4）间距过小或楼栋体量过大、缺乏通透性而产生强烈的空间压迫感

E. 很差：空地很少，由于不少楼宇（超过 1/3）间距过小或楼栋体量过大、缺乏通透性而产生强烈的空间压迫感

5. 便民设施情况：

A. 很好　　B. 较好　　C. 一般

D. 较差　　E. 很差

A. 很好：商业区休息座椅、ATM、公共厕所、垃圾箱、信息指示牌等便民设施齐全，且空间布局合理

B. 较好：商业区上述便民设施比较齐全，空间布局较为合理

C. 一般：商业区有基本便民设施，但种类不全，空间布局欠合理

D. 较差：商业区上述便民设施较少，种类不全，空间布局不合理

E. 很差：商业区基本没有上述便民设施

6. 无障碍设施便利性：

A. 很好　　B. 较好　　C. 一般

D. 较差　　E. 很差

A. 很好：商业区盲道、电梯、卫生间无障碍设施、盲文标识、房间等为残疾人、孕妇、儿童等社会成员服务的无障碍设施设计合理，便利性很好

B. 较好：商业区拥有盲道、电梯、卫生间无障碍设施、盲文标识等多种无障碍设施

C. 一般：商业区拥有盲道、电梯等基本的无障碍设施

D. 较差：商业区无障碍设施便利性较差，如存在盲道被阻隔等现象

E. 很差：商业区没有无障碍设施

7. 安全设施情况：

A. 很好　　B. 较好　　C. 一般

D. 较差　　E. 很差

A. 很好：商业区警卫设施、安全监控系统、消防器材等安全设施齐全，设计合理

B. 较好：商业区上述安全设施基本齐全，设计基本合理

C. 一般：商业区有 1 项以上上述安全设施，设计基本合理

D. 较差：商业区有 1 项上述安全设施

E. 很差：商业区无安全设施

8. 现存历史建筑与文物保护情况：

A. 很好　　B. 较好　　C. 一般

D. 较差　　E. 很差

A. 很好：商业区拥有很多历史建筑或文物保护单位，很好地保护了商业区历史风貌

B. 较好：商业区拥有一些历史建筑或文物保护单位

C. 一般：商业区拥有少量（大于1）历史建筑或文物保护单位

D. 较差：商业区拥有一座历史建筑或文物保护单位

E. 很差：商业区没有历史建筑或文物保护单位，不能体现历史文化特色风貌

与商户和管理人员交谈记录：

1. 该商业区顾客多吗？

什么时候比较多？

以本地人为主还是以外地人为主？

2. 该商业区车流量如何（车多吗）？

有交通管理吗？

停车场车位够用吗？

A. 很充足：商业区停车场在人流高峰时期仍有剩余车位

B. 较充足：商业区停车场基本满足人流高峰时期所需车位

C. 较紧张：商业区停车场在人流高峰时期的车位较紧张

D. 很紧张：商业区停车场在非高峰时期的车位就很紧张

E. 无车位：商业区没有正式停车位